ISBN 978-3-7597-7987-8

Das Buch ist sorgfältig erarbeitet. Dennoch übernimmt der Autor, der Verlag und der Herausgeber in keinem Fall für die Richtigkeit von Angaben, Hinweisen und Ratschlägen sowie für eventuelle Druckfehler irgendeine Haftung

Autor : Dr. Hans-J. Dammschneider

Bibliographische Information:
Die Deutsche Nationalbibliothek verzeichnet diese Publikation in der Nationalbibliographie; detaillierte bibliographische Daten sind im Internet über http://www.dnb.d-nb.de abrufbar.

©   : 2026 Inst.für Hydrographie, Geoökologie und Klimawissenschaften, Dr. Hans-J. Dammschneider

Verlag   : BoD · Books on Demand GmbH, Überseering 33, 22297 Hamburg, bod@bod.de

ISBN   : 978-3-7597-7987-8

Auflage   : 2026-1

website   : www.ifhgk.com

Druck   : Libri Plureos GmbH, Friedensallee 273, 22763 Hamburg

Vorwort

Über die Veränderungen oder auch den „Wandel" des mittelalterlichen Klimas sind in den letzten Jahren einige Veröffentlichungen erschienen. Die sogenannte MWP (medieval warm period) oder auch MCA (medieval climate anomaly) hat dabei in der Fachwelt zu kontroversen Diskussionen geführt: In welchem Ausmass die mittleren Lufttemperaturen zwischen den Jahren 1000 und 1300 A.D. ähnlich jenen der Jetztzeit waren, ist beispielsweise ein noch nicht abschliesend geklärter Streit. Was allerdings lange bestritten wurde, jedoch zwischenzeitlich zunehmend akzeptiert wird, ist, dass auch die mittelalterliche Klimaanomalie durch kohärente Verschiebungen in den grossräumigen Zirkulationsmustern der Atmosphäre gekennzeichnet ist (GRAHAM et al 2011). Auch wenn NEUKOM et al (2019) eher ein geringeres räumlich-zeitliches Zusammenspiel erkennen will, deutet doch vieles darauf hin, dass die vorindustriellen Antriebe durchaus weltweit verlaufende Temperaturextreme auf Zeitskalen von mehreren Jahrzehnten und Jahrhunderten hervorriefen.

Klimaveränderungen sind nicht nur einfacher Bestandteil, sondern sogar oftmals ***Ursache für Verlauf und Brüche in der Geschichte*** vieler Regionen. Ob warm oder kalt, ob nass oder trocken, diese Faktoren bestimmen seit Jahrhunderten ent-scheidend mit, wie sich Menschen ´im Raum´ einrichten, wie sie sich ernähren und wirtschaften, ob sie bei überwiegend sonnigem Himmel optimistisch planen oder genervt vom schlechten Wetter sogar in Scharen ihr Land verlassen.

Leider hat man in der Vergangenheit nur relativ selten versucht, das Phänomen ´Klima´ in die Deutung geschichtlicher Prozesse einzubeziehen. Der Grund dafür war nicht Ignoranz … es ist ganz schlicht die mangelnde Informationsdichte zur historischen Witterung.

Erst seit Mitte des 19. Jahrhunderts haben wir die Möglichkeit Wetter und damit ´Klima´ wirklich zu messen. Berichte zu Temperaturen oder Niederschlägen gibt es vor 1850 und weiter zurückreichend meist nur als Erzählungen. Und das nur vereinzelt aber nie systematisch. Hochwassermarken sind oft die einzigen objektiven Merkmale vergangener Witterungsereignisse. Für den Südharz und die Klosterlandschaft Walkenrieds besitzen wir praktisch keinerlei Hinweise auf das, was hier ´von oben´ kam: Weder über die Lufttemperaturen noch die Regenmengen ist je aus dem Umfeld des Klosters heraus etwas notiert worden. Kein Dokument beschreibt die atmosphärischen Ereignisse … die Zeit zwischen der Gründung durch Zisterzienser (1127-1129) und dem Niedergang des Kloster-´Konzerns ab etwa 1400 A.D. ist ein (Buch-)Kapitel, in dem die Seiten für das Klima bisher nicht aufgeschlagen wurden.

Dabei kann man inzwischen durchaus versuchen, das Klima dieser Zeit zu rekonstruieren. Einerseits mittels numerischer Modelle, die über Annahmen und einzelne Stütz-Daten den grundsätzlichen Klimaverlauf in die Zeit des Mittelalters zurück rechnen. Zum anderen gibt es die Möglichkeit mit sogenannten Proxys z.B. die Temperaturen der damaligen Zeit aufzudecken. Und dies dann auch lokal ?!

Für Walkenried ist bisher weder das eine noch das andere angefasst worden. Diese Arbeit bemüht sich nun, hier etwas Licht in´s Dunkel zu bringen. Dahinter steht die oben bereits angerissene Frage: Welche Rolle spielt das Klima im ***Aufstieg und ´Fall´*** des Klosters Walkenried? Gab es einen Einfluss des Klimas auf die ***Entwicklung der Klostergeschichte***? Waren Warm- und nachfolgende Kalt-Zeit sogar (auch) eine Folge der ***zyklischen meteorologischen Einflüsse*** aus dem Bereich des Atlantiks? Sind diese Randbedingungen, die wir ja vergleichbar heute ebenfalls beobachten und messen, Elemente, die prägend für das Klima der Klosterlandschaft waren?

Dr. Hans-J. Dammschneider
Zug, April 2026

Abstract

The rise and 'fall' of Walkenried Monastery took place between 1130 and 1430 A.D., i.e. over a period of around 300 years. During this phase of history, not only did the monastery noticeably rise, but the average temperatures also climbed significantly: Between 1130 and 1230 by around +0.3 ^{0}C/100 years. Over the next 150 years, however, these pleasant air temperatures fell again by 0.6 degrees C (-0.4 ^{0}C/100 years).

Of course, not only these temperatures were important for living conditions, but also the duration of sunshine (especially for plant growth and thus harvests). As the so-called AMO index values, which can be traced back to the year 900 A.D., show, the latent SST energy quantities penetrating cyclically to Europe with the westerly wind drift from the Atlantic region have a significant influence on cloud cover, thus on the duration of sunshine and correspondingly on air temperatures ... not only in Germany as a whole, but of course also in the southern Harz monastery landscape and Walkenried itself.

Monastic economic life from 1200 onwards may have been characterized by mining, but the basis of 'survival' was provided by the food supply. It not only had to be continuous, but also sufficient in quantity to feed a population that was growing rapidly at the time. Negative climatic changes, which apparently began in 1300, had considerable consequences. Also for Walkenried Monastery. The so-called "Great Hunger" between 1315 and 1322, and above all the Magdalen Flood in 1342, literally tore away the food supply in Germany to a considerable extent. However, this incision, which was certainly perceived as a 'shock', is not documented for Walkenried Monastery. Why? Because it did not affect Walkenried at all? That is rather unlikely.

The fact that Walkenried Monastery suffered a marked decline in the course of the 14th century and was even increasingly marginalized from 1500 onwards is not surprising, considering the general climatic conditions (and the agricultural and economic system, which was then rather powerless in the face of the forces of nature).

In any case, the wars that subsequently affected Walkenried in the 15th century also affected a weakened population and a presumably weakened monastery overall. The fact that the Walkenried monastery "group" sold off large parts of its mines and lands in and around the Harz Mountains from 1444 onwards, as these (according to current opinion) began to be *uneconomical* due to the *technical and mining restrictions* of the time, may come as less of a surprise after the climatic and social contexts presented in this essay ... where there is no sufficient livelihood for the people, there are no monastic and secular services?

Klimageschichte der Südharzer Klosterlandschaft

Kloster Walkenried

Einleitung

Die Geschichte des Klosters Walkenried und der Südharzer Klosterlandschaft wird
im Museum des Zisterzienserklosters, das zum UNESCO-Welterbe gehört, wissen-
schaftlich fundiert zusammengetragen und präsentiert. Zahlreiche Exponate veran-
schaulichen die historische Entwicklung seit der Gründung in den Jahren 1127-1129.

Die Ausstellung konzentriert sich primär auf Forschungsergebnisse, die von Ar-
chäologen, (Kunst-)Historikern, Theologen, Soziologen/Anthropologen, Bauinge-
nieuren und Experten für historische Quellen bearbeitet wurden.

Aus naturwissenschaftlicher Perspektive bieten jedoch auch die Erfassung geo-
historischer Daten, d.h. die Kartierung der unmittelbaren, teilweise noch heute sichtbaren Erd- und Vegetationsgeschichte (einschließlich pollenanalytischer Untersuchungen bzw. Bioindikatoren-Analyse) wertvolle Einblicke. Diese Daten können
als sogenannte Proxys ´natürliche´ Hinweise darauf liefern, wie sich das Kloster und
die umliegende Klosterlandschaft räumlich veränderten und wirtschaftlich aus-
dehnten.

Dazu gehören insbesondere Erkenntnisse über die ***klimatischen Bedingungen*** und
deren Auswirkungen auf die bauliche und agrarische Entwicklung. Dieser Bereich wird
in der Präsentation der Klosterhistorie bislang weitgehend ausgespart. Auch das Haupt-
werk „Kloster Walkenried … Geschichte und Gegenwart" von HEUTGER (2007) bietet
hierzu weder Hinweise noch Erkenntnisse. Es konzentriert sich primär auf die abio-
tische Welt der Zisterzienser, insbesondere auf die Personal- und Besitzverwaltung
sowie die Kauf- und Verkaufsaktivitäten des Klosters, so wie es auch DOLLE (2012)
und die Urkundenbücher des Klosters Walkenried (2002, Bd.1 - Bd.2) darstellen.

Dabei setzen die Werke stark auf die ´Macht der Zahlen´, berücksichtigen jedoch weniger die Alltags-Philosophie und den Antrieb, die durch das Wechselspiel der Natur – etwa aus der 'Physik der Atmosphäre' (Witterung) und der Vegetation – beeinflusst werden und das menschliche Handeln maßgeblich prägen.

Dieses Handeln wird oft erst dann in Form von Ereigniszahlen dokumentiert, wenn sich konkrete Geschehen (Unwetter/Hungersnot) manifestieren. Aber auch dies kommt in der Walkenrieder Chronik nicht zum Ausdruck. Gute oder schlechte Zeiten, geprägt durch üppige Erträge aufgrund einer ´blühenden Vegetation´ (positiv) oder durch Hungersnöte infolge ausbleibender Ernten (negativ), unter wechselhaft-warmen Umweltbedingungen (positiv) oder unerträglichen Dürren sowie zerstörerischen Hochfluten (negativ), sind jedoch die ausschlaggebenden Faktoren, die das menschliche Aktivitäts-Pendel historisch beeinflussen.

Ein weiteres aufschlussreiches Werk zur Geschichte des Klosters Walkenried ist REINBOTHs „Walkenrieder Zeittafel – Abriss der Orts- und Klostergeschichte" (1994). Diese Chronologie fasst den grundlegenden Verlauf der Geschichte des Klosters zusammen. Allerdings bleibt sie bei der Darstellung der äusseren Fakten und verzichtet darauf, den Einfluss übergeordneter „natürlicher" Komplexe einzubeziehen. Es wird beschrieben, was geschehen ist, ohne eine Wertung vorzunehmen - was aber natürlich zunächst auch nur Aufgabe einer reinen ´Chronologie´ ist.

Die wesentliche Literatur zum Kloster Walkenried ist in diesen Quellen (HEUTGER 2007, DOLLE 2012 und REINBOTH 1994) umfangreich aufgeführt, einschließlich detaillierter Verweise auf relevante Veröffentlichungen. Besonders hervorgehoben werden darin der Aufstieg des Klosters in den Jahren 1130 bis 1230 sowie der weitere Entwicklungsverlauf von 1230 bis 1330. Es bleibt jedoch schwierig nachzuvollziehen, wann und wie der Kloster-„Konzern" allmählich seinem Ende entgegensteuerte, was etwa zwischen 1330 und 1430 geschah … ein klarer Bruch bzw. der Abschluss der mittelalterlichen Klosterentwicklung ist spätestens Ende des 14. Jahrhunderts erkennbar.

Das Kloster Walkenried im naturhistorischen Kontext

Die chronologische Abfolge von Jahresereignissen wie (Immobilien-/Land-)Käufen, Verwaltungsakten, wirtschaftlichen Maßnahmen sowie die Erwähnung von Äbten oder Fürsten, ist durch die Urkundenbücher gut dokumentiert. Externe natürliche Einflüsse, die eine Einschätzung darüber ermöglichen könnten, was das alltägliche Leben im 12. bis 14. Jahrhundert bestimmte und wie sich diese konkret auswirkten, sind jedoch kaum in den Chroniken erwähnt, sondern meist nur durch isolierte bzw. externe *mündliche Überlieferungen* bekannt – für Walkenried sind aus dieser Zeit solche Berichte offenbar nicht vorhanden (*).

Um diese Lücken zu füllen, müssen daher Quellen herangezogen werden, die das größere Bild, *zunächst außerhalb der engeren Klosterszene*, beleuchten. Glücklicherweise liefern die Werke von REICHHOLF (2007), GLASER (2008), BORK (2020) und BEHRINGER (2022) gut recherchierte und verständliche Zusammenstellungen. Diese beschreiben anschaulich jene Aspekte der praktischen ***Naturhistorie***, die in den allgemeinen Chroniken jener Zeit weitgehend unerwähnt bleiben – insbesondere die Konsequenzen für das alltägliche Lebensumfeld.

(*) Eine Ausnahme findet sich in der Walkenrieder Zeittafel: Im Jahr 1398 für die Woche nach Reminiscere (Februar) „sol sich kurtz über Alten Walckenrieth eine Wolckenbruch niedergelassen haben, davon eine solche grewliche Wasserflut ins Closter komen … Es ist aber in dieser großen Wasserfluth viel Vihe umbkomen und ersoffen".

Ob ein Verwaltungsakt stattgefunden hat oder nicht, lässt sich auf dem Papier nachvollziehen. Gewinne und Verluste hingegen sind *mehr als nur finanzielle Transaktionen*; sie sind oft das Ergebnis von grundlegenden historischen Faktoren wie Wetterbedingungen und der daraus resultierenden Lebensgrundlage. Diese beeinflussen maßgeblich das Lebensgefühl und die Lebensqualität der Menschen, motivieren Herrscher und Mönche oder führen zu Unzufriedenheit und destruktivem Verhalten.

Nochmals gesagt: Für Walkenried gibt es keine Beschreibungen oder Hinweise auf diesen wichtigen Antrieb. Die Mönche haben keine eigenen Aufzeichnungen hinterlassen. Im Gegensatz dazu gibt es umfangreiche Informationen über Fürsten und Würdenträger, insbesondere der Kirche, einschließlich Namen, Verbindungen und Besitzverhältnisse. Diese Informationen tragen jedoch wenig zum Verständnis des alltäglichen Lebens bei.

Eine erste Idee …

Um das Kloster im Kontext der allgemeinen Entwicklung und seiner Veränderungen zu bewerten, müssen wir zwangsläufig einen Ansatz wählen, der sich zunächst nur auf formale Daten und chronologische Aufzeichnungen stützen kann. Etwas anderes gibt es für Walkenried nicht. Das aber scheint wiederum inhaltlich überhaupt nicht zielführend zu sein, da die Quellen quasi *nichts* über das tatsächliche Leben im Kloster Walkenried verraten!? Hier könnte man meinen, dass sich die Katze in den Schwanz beisst. Es scheint eine Blockade zu geben, die bisher offensichtlich verhindert hat, die Randbedingungen des Klosterlebens (Klima/Natur/Vegetation/) aufklären und **bewerten** zu können. Es sei denn, man greift auf Informationen aus anderen Regionen/Gebieten zu … aber das wäre, eben, extern.

Es gibt vielleicht *doch* die Chance einer vorsichtigen Direkt-Annäherung. Auffälllig ist, dass in den Walkenrieder Chroniken zumindest ein **quantitatives Ungleichgewicht innerhalb des zeitlichen Ablaufs** der dokumentierten Ereignisse besteht: Während die Chronik während des Aufstiegs des Klosters (1127-1330) relativ gut mit Eintragungen gefüllt ist, werden Belege zu Käufen/Verkäufen/Handlungsvorgängen in der Phase zwischen 1330 und 1430 bereits in ihrer reinen Anzahl seltener … als ob Walkenried nicht mehr so viel zu bieten hatte? D.h., detailliertere (für das Alltagsleben interpretierbare) Beschreibungen sind zwar auch jetzt (nach 1330) kaum bis gar nicht vorhanden, aber die schlichte **Menge der Eintragungen** (egal welcher Art und Qualität) nimmt zusätzlich auch noch <u>**ab**</u>. Könnte bereits das möglicherweise einen ersten Hinweis auf sich **verändernde Prozesse und Abläufe in den klösterlichen Aktivitäten** liefern?

Dieser Ansatz ist fraglos problematisch, da sich Eintragungen über die Zeit allein deshalb verringern können, weil im Zuge der Etablierung des Klosters die Routine zunimmt und die ´besonderen´ Aktivitäten seltener werden? Das wäre normal und hätte mit den externen Veränderungen des Lebensumfeldes nicht zwingend zu tun.

Aber obwohl wir vorgreifen, ist es an dieser Stelle dennoch bemerkenswert festzustellen, wie die Aktivitäten des Klosters tatsächlich mit den **allgemeinen klimatischen Bedingungen** (die auch das ´Leben´ prägen) **übereinzustimmen** scheinen:

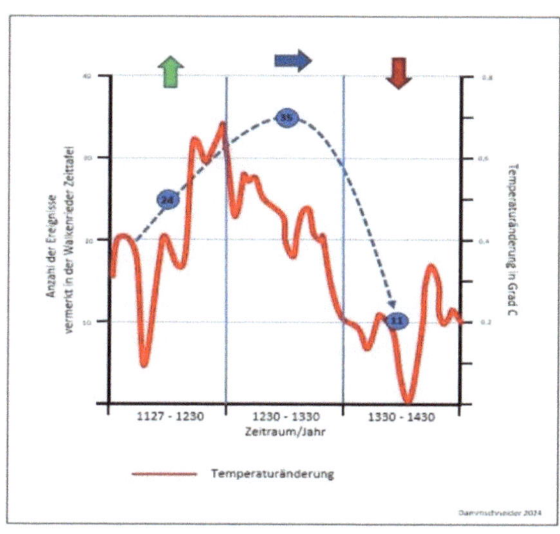

Abb. 1: Ereignis- und Temperatur-Verlauf 1130 – 1430, nach ´Walkenrieder Zeittafel´ und ´IPCC 2007, Climate Change AR4´ , Fig. 6.10-6.13, Northern Hemisphere

D.h. die Anzahl der in der Walkenrieder Zeittafel pro Jahrhundert verzeichneten Eintragungen steht nach Abb. 1 in einem gewissen Gleichklang zu den überregionalen Temperaturveränderungen.

Bisher sind uns die *lokalen* (Südharzer) atmosphärischen Bedingungen der Zeit zwischen 1100 und 1400 nicht bekannt. Unser Ziel ist es daher ja gerade, Erkenntnisse zu gewinnen, die mehr ´Einsichten´ in das auch vom Klima abhängige Leben ermöglichen. Betrachtet man Abbildung 1, sticht heraus, dass Phasen hoher Rührigkeit (also viele Eintragungen) offenbar mit angenehmen Temperaturen korrelieren … als sich die klimatischen Bedingungen (in Form der Temperaturen) allerdings verschlechterten, wurde es nicht nur ungemütlicher, sondern auch die dokumentierten Aktivitäten gingen spürbar zurück?

Natürlich handelt es sich hierbei noch nicht um eine bewertbare Ursache-Wirkung-Beziehung. Doch erste Anzeichen von Wahrscheinlichkeiten sind schon erkennbar, und mehr als eine ´Koinzidenz´ lässt sich bei der Analyse und Deutung so weit zurückliegender Ereignisse und ihrer Wechselwirkungen ohnehin kaum erwarten.

Viele der Fragen, die sich aus diesen historischen Entwicklungen ergeben, können für den Südharz bislang nicht ausreichend beantwortet werden. Zum Beispiel bleibt unklar, warum der wirtschaftliche Aufstieg im 12. Jahrhundert nicht nur stattfand, sondern auch vergleichsweise *schnell* vonstattenging. Der Aufbau des sogenannten „Klosterkonzerns", der sich über den West- und Nordharz erstreckte und unter anderem den Bergbau der Region förderte, gelang in erstaunlich kurzer Zeit. Dies ist keineswegs selbstverständlich, denn das Zisterzienserkloster musste die sumpfige Landschaft zunächst urbar machen. Ein solches Unterfangen ist nur möglich, wenn neben ausreichender ´manpower´ auch die natürlichen Randbedingungen günstig sind. Vielleicht helfen die Abbildung 2 bis 5 hierbei: Die mittleren Temperaturen stiegen zwischen 1130 und 1230 tatsächlich spürbar an. Sowas hilft generell. Der Abstieg, der in den vorhandenen Daten der formalen Chronologie (siehe HEUTGER 2007), wie bereits angedeutet, nur schwer erkennbar ist, wird von einem strengen Formalismus überlagert. Diese Darstellung, die die Verwaltung der Zisterzienser akribisch protokolliert, dokumentiert zwar Erfolge wie Erwerbungen, lässt jedoch den Großteil des klösterlichen Alltags in einem unfreiwilligen Nebel verschwinden. Ab dem Jahr 1300 wird die ´Geschichte´ dadurch weitgehend diffus: Während der Aufstieg (bis 1300) noch einigermaßen erkennbar war, verschwimmt das Bild danach zunehmend und wird unklar.

Im Zentrum bleibt die Frage: Warum ist das so? Ein Grund könnte auch im Selbstverständnis der damaligen Zeit liegen, denn ein Erfolg wurde gerne protokolliert, das (scheinbare) Versagen eher unterdrückt. Erfolg ist jedoch etwas, dass man zwar auch erarbeiten kann, unter Beachtung der äusseren Randbedingungen des Mittelalters aber sicherlich leichter zu haben war, wenn die Einflussfaktoren günstig standen, d.h. wenn Gott ´Gunst´ bewies. Wenn Gott ungnädig gegenüber den Menschen gewesen ist, dann war oftmals auch das Wetter schlecht und die Ernten mager? (siehe „Die Diskursherrschaft der Kirche" in PFISTER & WANNER 2021, S.93). Anders ausgedrückt: Ein positives warmes Klima macht natürlich ´Erfolg´ wahrscheinlicher, eine länger andauernde Negativphase der Witterung zieht eher ein ´Versagen´ nach sich, zwangsläufig und gottgegeben. Witterung ist gott-gegeben und wird damals nicht diskutiert. Sollte Klima das Leben beeinflussen (heute wissen wir, dass das so ist), so war dies im Verständnis des Mittelalters aber nur Glück oder Unglück … und in den Chroniken möglicherweise indirekt gewichtet als quantitative Auslese der (auch gefühlt) wichtigen Ereignisse. Zeigt dies die Abbildung 1 ?

Gute Zeiten, schlechte Zeiten … Klimaphasen im Auf und Ab

Es steht zur Diskussion, ob das Klima der damaligen Zeit, das zunächst im wahr-sten Sinne des Wortes unausgesprochen blieb, nicht tatsächlich eine entscheiden-dere Rolle spielte als von Historikern bisher angenommen. Vereinfacht gesagt: Wenn Stürme toben oder es bis in den Frühsommer hinein schneit, sind die land-wirtschaftlichen Arbeiten und der Kirchenbau deutlich weniger produktiv, als wenn diese unter ganzjährig zwar wechselhaften, aber insgesamt angenehmen Bedin-gungen für Mensch und Tier ausgeführt werden können. Dies gilt umso mehr, wenn man die begrenzte Ingenieurs- und Agrartechnik jener Zeit berücksichtigt.

Die Mönche in Walkenried erlebten zunächst ´gute´ Zeiten, zumindest bis zum Beginn des 14. Jahrhunderts. Diese Phase wurde offenbar als akzeptabel und dokumentierenswert angesehen. Auch, da sie als positives Gottesgeschenk empfunden wurde? Das damit verbundene Erfolgsgefühl projizierten die Mönche verständlicherweise in die Zukunft. Doch als sich die Bedingungen (und wir greifen hier vor) zunehmend verschlechterten, könnte der Zisterzienserorden damit überfordert gewesen sein.

Sachliche Erklärungen für die sich einschleichende, oder besser gesagt mit Macht hereinbrechende Witterungs-Zeitenwende, hatten die Mönche vermutlich nicht. Klimaforschung ist schließlich ein sehr junges Wissenschaftsfeld (siehe u.a. LAMB 1982). Wenn den Mönchen auffiel, dass die spürbar negativen Veränderungen (sinkende Temperaturen) von einem allgemeinen Klimaabschwung begleitet wurden, so sahen sie dies (nochmals betont) wohl als gottgewollte Entwicklung an … eine Entwicklung, die sie eher kommentarlos hinnahmen und mit Demut ertrugen.

Lob und Anerkennung für den Erfolgreichen, Missachtung und Vergessen für den Erfolglosen? Auch so könnte die Chronologie des Klosters Walkenried verstanden werden.

Diese unter Beachtung der natürlichen Randbedingungen (Klima) nur subtil angedeuteten Zusammenhänge, auf die wir später noch ausführlicher eingehen werden, könnten das System des Klosters Walkenried weit stärker geprägt und beeinflusst haben, als es bisher aus den vorhandenen (Besitz-)Urkunden oder (Bau-) Unterlagen ersichtlich ist.

Wir stellen zunächst jedoch fest: Für ein umfassendes Verständnis der „Walkenrieder Zeit" im Südharz, zwischen 1130 und 1230 (Aufstieg), 1230-1330 (Konsoli-

dierung) und 1330 bis 1430 (Abstieg), fehlt bisher der *lokale* naturwissenschaft-
liche Kontext. Die historischen Abläufe sind zwar erkennbar, aber ohne Verknüp-
fung zum Naturraum schwer zu interpretieren.

Klimawandel

Die Zeit von 850/900 bis 1300/1400 n. Chr. (siehe Abb. 15) zeichnete sich durch
vergleichsweise überdurchschnittlich hohe Temperaturen in der Nordhemisphäre
aus, insbesondere im Vergleich zur anschließenden „Kleinen Eiszeit". Klima-
informationen aus dieser Warmzeit (und der anschließenden relativen Kaltzeit)
stammen hauptsächlich aus Rekonstruktionen, die anhand von Proxydaten versuchen, die damaligen Witterungsverhältnisse zu beleuchten (GLASER 2001).

Dieses mittelalterliche Klimaoptimum war gekennzeichnet durch besonders hohe
durchschnittliche Temperaturen im Vergleich zu den vorhergehenden und nachfolgenden Jahrhunderten. Gemäss der von LÜNING seit 2016 umfassend zu-
sammengetragenen Sammlung und Auswertung von weltweit durchgeführten
Untersuchungen zur MWP gilt dies nahezu global (siehe online-Kartierung/
http://t1p.de/mwp) mit Stand Oktober 2022).

Die erste im IPCC assessment report von 1990 veröffentlichte Darstellung der Temperaturen des Mittelalters zeigen (allerdings nur unter Angabe der *relativen Verhältnisse in Grad C*, siehe SMERDON & POLLACK 2016), dass es während der Start-
phase des Klosters Walkenried um rd. 1,3 Grad wärmer gewesen wäre als in der
nachfolgenden „Kleine Eiszeit" im 16./17.Jahrhundert. Spätestens mit LJUNGQUIST
(2010) verringert sich dieser ´Absturz´ aber auf nur noch rd. 0,9 Grad C (siehe Abb.
6).

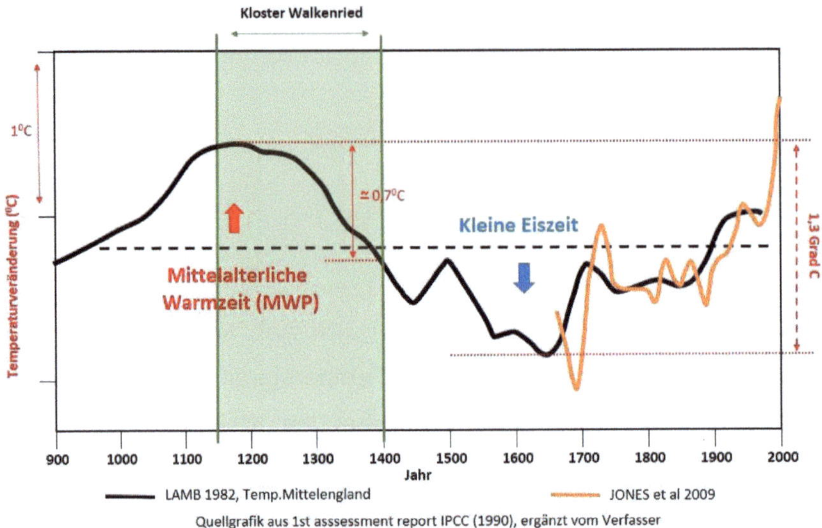

Abb. 2: Temperaturveränderungen zwischen 900 und 2000 A.D. (IPCC 1st assessement report 1990, Abbildung aus SMERDON & POLLACK 2016. JONES et al 2009 ergänzt vom Verfasser)

Nach dem späteren Bericht des IPCC in 2007 (Climate Change AR4, Abb. 3) zeigt sich, dass die durchschnittliche Temperatur auf der Nordhemisphäre ab dem Jahr 800 kontinuierlich anstieg und etwa zwischen 1150 und 1300 ein Maximum erreichte. Laut diesen Rekonstruktionen wäre es während der MWP im Vergleich zur heutigen mittleren Temperatur um geringe 0,1-0,2 Grad Celsius kühler gewesen.

Es ist wichtig zu beachten, dass die **mittlere** Temperatur zwar allgemeine Trends aufzeigt, aber die ungleichmäßige räumliche Verteilung der Temperaturanomalien zu erheblichen regionalen Unterschieden führt. Leider haben numerische Modelle immer noch Schwierigkeiten, diese Verläufe zu simulieren, besonders wenn eine höhere räumliche Auflösung erforderlich wäre.

Der Klimawandel während der mittelalterlichen Warmzeit (MWP) hin zu höheren Temperaturen wird nach aktuellem Wissensstand unter anderem darauf zurückgeführt, dass die solare Einstrahlung zwischen 900-1000 und 1050-1200 besonders hoch war. Insbesondere während der zweiten Periode lag sie etwa um +0,5 W/m² über dem Durchschnitt der Jahre 1000 bis 2020 (siehe Abb. 3).

Der IPCC gibt für den Zeitraum 2011-2020 einen globalen (!) Durchschnittswert von +0,27 Watt/m² an, der allein durch Treibhausgase verursacht wurde. Im Jahr 2020 beträgt die durchschnittliche Abweichung der solaren Einstrahlung vom langfristigen Mittelwert etwa +0,6 Watt/m². Gleichzeitig wird für Deutschland ein solarer Strahlungswert von durchschnittlich 110-140 Watt/m² pro Jahr oder 0,3-0,4 Watt/m² pro Tag angegeben, in anderen Quellen liegt dieser Wert bei etwa 0,6 Watt/ m². Diese Zahl schließt eigentlich den Anteil von CO_2 bereits ein. Wichtig ist hier zu betonen, dass die 0,3-0,4 Watt/m² nicht als Abweichung vom Durchschnitt, sondern als absoluter Wert der Solarstrahlung verstanden werden sollten. Die tatsächliche Abweichung liegt bei etwa 0,6 Watt/m².

Die o.g. 0,27 Watt/m² pro Tag durch CO_2 (und andere anthropogene Gase) haben laut IPCC zu einer *aktuellen* globalen Temperaturerhöhung von etwa 1,1 Grad Celsius geführt. War die solare Einstrahlung während der MWP auf einem ähnlichen Niveau wie heute (damals +0,5 Watt/m² über dem Durchschnitt, heute +0,6 Watt/ m² über dem Durchschnitt), erklärt dies in der Tat die damalige Warmzeit, selbst ohne einen Anstieg des CO_2-Niveaus (siehe aber auch CO_2-Anstieg durch Abholzung).

Fazit: Während heute (im Jahr 2020) eine Abweichung von +0,6 Watt/m² pro Tag (einschließlich eines CO_2-bedingten „Aufschlags" von 0,27 Watt/m²) zu höheren durchschnittlichen Temperaturen führt, war dies während der MWP bei nahezu gleichen oder geringfügig niedrigeren solaren Strahlungswerten (Abweichung +0,5 Watt/m²) ebenfalls der Fall – und das möglicherweise ohne einen CO_2-Anstieg. Die Temperaturen während der MWP lagen etwa 0,8 Grad Celsius über dem langfristigen Mittel (1000-2020), während sie in den letzten Jahren unserer Zeit etwa +0,9 Grad Celsius über diesem Mittel lagen.

Die erhöhte solare Einstrahlung allein erklärt jedoch nicht die räumlichen Unterschiede in der Erwärmung auf der Nordhemisphäre. Ein weiterer wichtiger Faktor, besonders für den Nordatlantikraum, könnte die positive Phase der Nordatlantischen Oszillation (NAO, siehe Abb. 16) sein. Als ein möglicher Auslöser dieser positiven Phase wäre eine Kopplung an die Verhältnisse im Pazifik denkbar. Nach einer erhöhten solaren Einstrahlung entwickelte sich dort über Jahrzehnte hinweg ein meridionaler Gradient der Wasseroberflächentemperatur, ähnlich einer negativen Phase der El-Niño-Southern-Oscillation (ENSO), was die Innertropische Konvergenzzone nach Norden verschob. Diese Störung wurde dann vermutlich durch atmosphärische Wellen (Telekonnektion, siehe Anhang 1) Richtung Atlantik transportiert, was eine positive NAO-Phase auslöste. Diese Phase führte zur Bildung eines starken Tiefdruckgebiets über Island und eines starken Hochdruckgebiets über den Azoren, was wiederum stärkere Westwinde verursachte und mildere, niederschlagsreichere Winter in Europa begünstigte. Diese „Logik" erklärt die besonders starke Erwärmung in Europa im Vergleich zur restlichen nördlichen Hemisphäre.

Zusätzlich zu den genannten Hauptfaktoren ist auch das Fehlen großer Vulkanausbrüche zu erwähnen (siehe Abb. 3), die andernfalls zu einer Abkühlung hätten führen können. Auch die veränderte Landnutzung spielte eine Rolle: Die grossflächigen Rodungen in Europa führten einerseits zu einer Abkühlung durch eine höhere Albedo. Denn die zuvor dunklen Wälder, die weniger Sonnenstrahlen reflektierten, wurden durch hellere Felder und Wiesen ersetzt, die mehr Strahlung zurückwarfen. Andererseits könnte die Verbrennung des Holzes zu einer Erhöhung der CO_2-Konzentration in der Atmosphäre beigetragen haben. Darüber hinaus hatten die neuen Nutzflächen, wie Wiesen und Getreidefelder, eine geringere Evapotranspiration als die zuvor dominierenden Wälder, was tendenziell zu einer Erwärmung führen konnte.

Dennoch besteht eine Wissenslücke, wenn es darum geht, wie konkret und wie stark der Klimawandel nach dem sogenannten Optimum der Mittelalterlichen Warmzeit (MWP) tatsächlich war, insbesondere auf lokaler Ebene. Anders gesagt: Gibt es Hinweise darauf, dass klimabedingte Veränderungen die Lebensbedingungen beeinflussten? Wie intensiv waren die lokalen Veränderungen der Feuchte- und Temperaturbedingungen, beispielsweise im Südharz und damit in der Klosterlandschaft von Walkenried, und lassen sich diese vielleicht sogar qualitativ (Pollenzusammensetzung) oder quantitativ, etwa durch Ernteerträge, messen?

Hier besteht definitiv weiterer Forschungsbedarf. Klimawandel ist ein zentrales Thema unserer Zeit, und es ist entscheidend, ihn zu verstehen und realistisch einzuschätzen. Ein umfassendes Verständnis des Klimawandels erfordert jedoch auch Kenntnis seiner Vorgeschichte und der Abfolgen von Veränderungen in der Vergangenheit.

Die Abläufe in der Atmosphäre, die wir als „Wetter" bezeichnen und die in der Meteorologie erforscht werden, sind niemals rein zufällig. Die sichtbaren und messbaren Wetterphänomene, die wir langfristig und statistisch als „Klima" zusammenfassen, resultieren aus Prozessen, die sich in komplexen Abhängigkeiten entwickeln. Großräumige Zusammenhänge spielen dabei eine entscheidende Rolle, wie zum Beispiel die Auswirkungen der atlantischen Zyklen auf das europäische Wetter und Klima (siehe z.B. LÜDECKE, CINA, DAMMSCHNEIDER, LÜNING 2020). Auch die Mittelalterliche Warmzeit war stark von den Bedingungen im Atlantik geprägt, wo damals höhere Wassertemperaturen herrschten. Die Tatsache, dass die Wikinger zu dieser Zeit Grönland besiedelten, ist ein deutlicher Hinweis darauf. Zudem gab es eine intensivere Sonneneinstrahlung, was durch Proxydaten belegt ist (siehe oben).

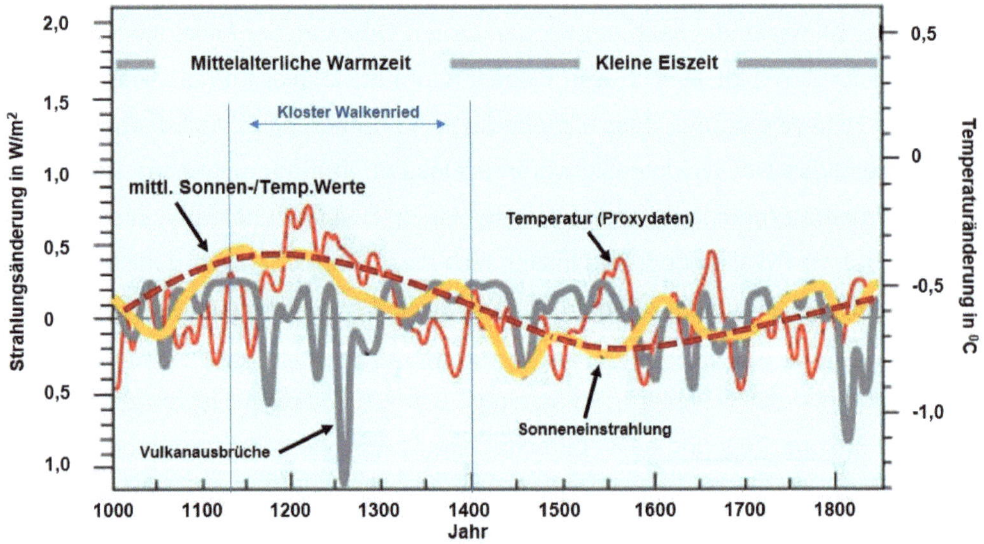

Abb. 3: Nach Darstellungen/Daten in IPCC 2007, Climate Change AR4 , Fig. 6.10-6.13, verändert nach https://bildungsserver.hamburg.de/themenschwerpunkte/klimawandel-und-klimafolgen/ klimawandel/mittelalterliche-warmzeit-746922
Anmerkung: Der Kurvenverlauf nach 1850 wird hier bewusst ausgeklammert, da es sich dann nicht mehr um Proxydaten handelt, sondern um direkt instrumentell gemessene Werte … was methodisch nicht zu Proxys vergleichbar ist und daher offenbar auch zur sogenannten und stark umstrittenen Darstellung einer ´Hockey-Stick´ artigen Temperaturkurve führte, die hier ausgespart wird.

Die Abbildung 3-5 illustrieren *überschlägig* den Wissensstand hinsichtlich des Verlaufs der Temperaturen und solaren Einstrahlungsdaten (siehe nachfolgend dazu auch Abb. 9).

Es wird erkennbar, wie die berechneten Temperaturen der Nordhemisphäre eine langfristige ´Schwingung´ mit einem (je nach Modell etwas verschobenen) relativen Maximum im Zeitraum zwischen 1000 und 1200 ergeben.

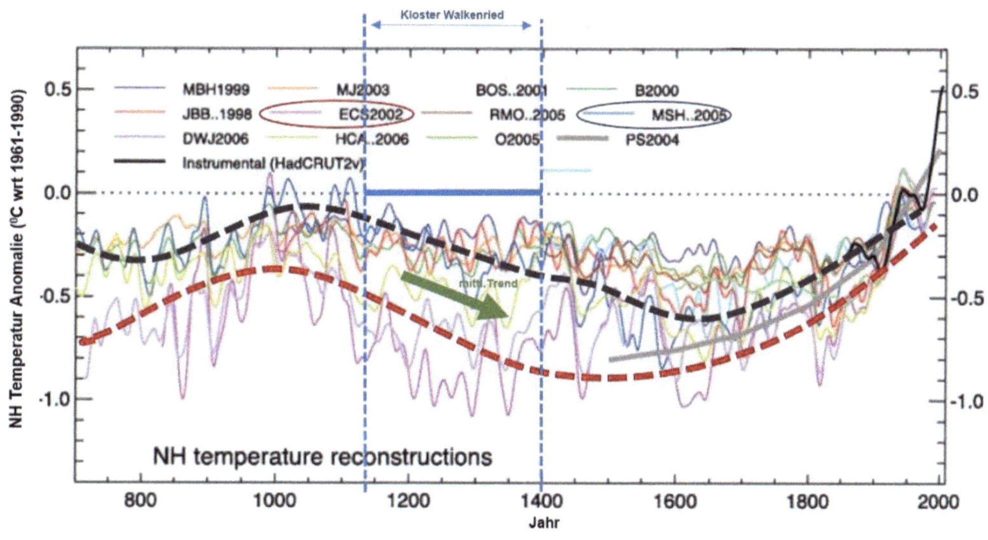

Abb. 4: Temperatur-Rekonstruktion NH, Simulationen aus 1998-2006, IPCC AR4 2007 Fig. 6.10, mittl. Kurvenverläufe ergänzt vom Verfasser

Eine besondere Art der Darstellung/Berechnung von Klimaverhältnissen wurde vom Schweizer Historiker Christian Pfister entwickelt. Der sogenannte PFISTER-Index stellt den Versuch dar, über qualitative Informationen aus der Natur (Baumringanalyse u.a.m.) eine Abschätzung der Temperaturen für Zeiten vorzunehmen … aus denen keine Temperaturmessungen vorliegen! Das Verfahren ist verständlicherweise mit Ungenauigkeiten behaftet und leider sind aufgrund des Fehlens von ausreichenden „Stützpunktwerten" (Herbst-Werte fehlen) die Ganzjahres-zahlen vor 1500 A.D. nicht konkreter bestimmbar. Dennoch gibt es für die **Sommermonate** den Versuch, den Index-Verlauf für die Zeit zwischen 1200 und 1400 A.D. darzustellen. Abbildung 5 zeigt diese Periode (Dekadenberechnungen) für das Gebiet West-/Mitteleuropa, was die Klosterlandschaft Walkenrieds ein-schliesst. Der grundsätzliche Verlauf der sich aus den o.a. numerischen Berechun-gen ergebenden Grundzüge wird hier mittels indizierter Naturdaten bestätigt:

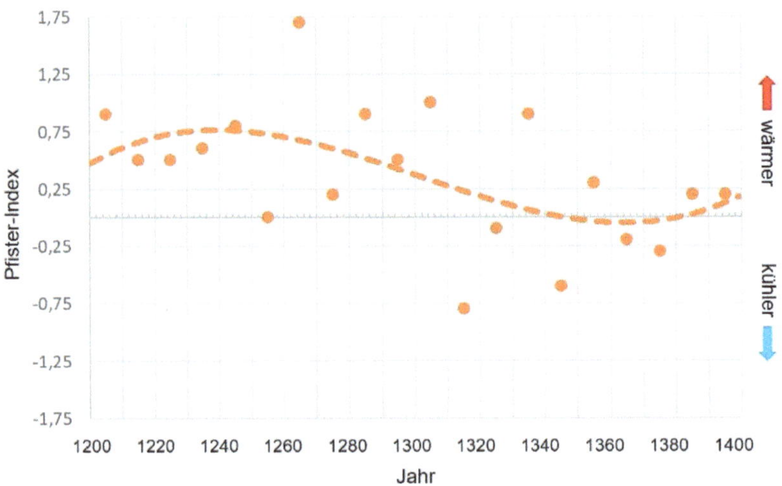

Abb. 5: Rekonstruktion des Klima-Grundmusters (Sommer) für die Zeit zwischen 1200 und 1400 A.D. nach PFISTER-Index, Werte berechnet aus PFISTER & WANNER 2021

LJUNGQUIST (2010) wertet ebenfalls **Proxy-Daten** aus, die (ähnlich jenen der numerischen Ergebnisse) eine Art ´Zyklizität der Temperaturen´ auf der Nordhemi-sphäre erkennen lassen (Abb. 6):

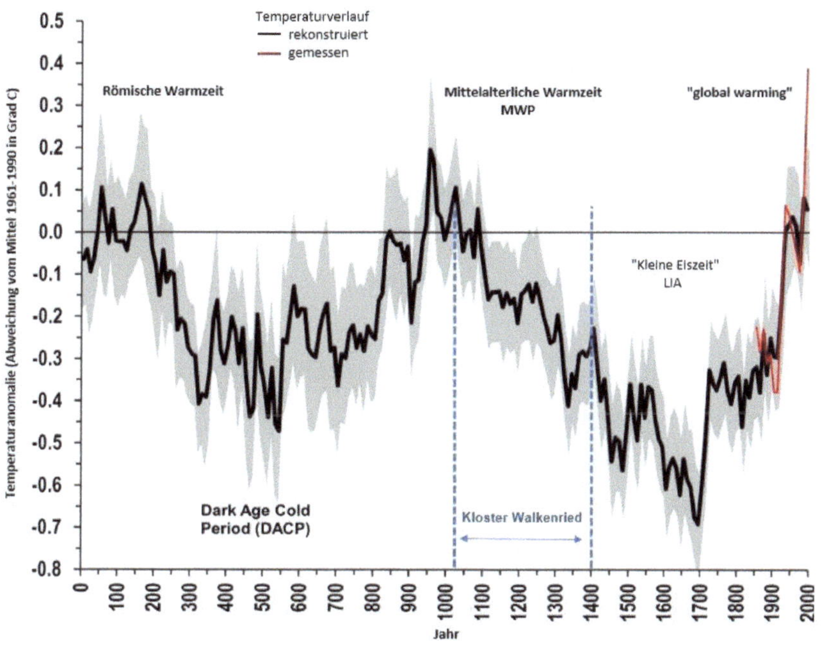

Abb. 6: Temperatur-Anomalie NH, Proxy-Auswertung von LJUNGQUIST 2010 (ergänzt vom Verfasser)

LJUNGQUIST (2010) schliesst aus seinen Proxy-Auswertungen, dass die deka-
dischen Durchschnittstemperaturen während wesentlicher Teile der römischen
Warmzeit **und der mittelalterlichen Warmzeit** das Niveau der Durchschnittstemperaturen von 1961-1990 erreicht oder überschritten haben. Die Temperatur
der letzten beiden Jahrzehnte sei jedoch möglicherweise höher als zu jedem anderen Zeitpunkt in den letzten zwei Jahrtausenden gewesen, obwohl dies ***nur in
den instrumentellen Temperaturdaten*** und nicht in der Multiproxy-Rekon-
struktion selbst zu erkennen ist.

Auch der IPCC-Bericht von 2014 (AR5, Fifth Assessment Report) befasst sich mit der Mittelalterlichen Warmzeit/dem Mittelalterliches Klimaoptimum. Diese Periode wird im AR5 im Rahmen der Untersuchung historischer Klimaänderungen behandelt. Der Bericht nutzt sowohl paläoklimatische Daten als auch moderne Klimarekonstruktionen, um vergangene Temperaturveränderungen darzustellen. Hier sind einige wichtige Aspekte, die im AR5 zur Mittelalterlichen Warmzeit thematisiert werden:

1. **Regionale Unterschiede**: Der AR5-Bericht betont, dass die Mittelalterliche Warmzeit nicht weltweit einheitlich war. Es gab regionale Unterschiede, wobei einige Gebiete wie Teile Europas und des Nordatlantiks wärmer waren, während andere Regionen möglicherweise keine signifikanten Temperaturabweichungen aufwiesen.

2. **Vergleich mit der modernen Erwärmung**: Die Temperaturen während der Mittelalterlichen Warmzeit werden mit den heutigen Veränderungen verglichen. Der Bericht ist der Auffassung, dass die heutige Erwärmung sowohl in ihrer Geschwindigkeit als auch in ihrem Ausmaß globaler sei als die während der Mittelalterlichen Warmzeit beobachteten Veränderungen.

3. **Ursachen der Temperaturveränderungen**: Im AR5 wird die Rolle natürlicher Faktoren, wie Vulkanaktivität und solare Variabilität, bei der Erklärung der Temperaturveränderungen während der Mittelalterlichen Warmzeit untersucht. Diese natürlichen Einflüsse werden im Kontext der heutigen menschengemachten (anthropogenen) Faktoren betrachtet, die die aktuelle Erwärmung antreiben.

4. **Rekonstruktionen und Unsicherheiten**: Der Bericht diskutiert die verschiedenen Methoden und Datenquellen, die zur Rekonstruktion der Klimabedingungen während der Mittelalterlichen Warmzeit genutzt werden, wie Baumringe, Eisbohrkerne, Sedimente und historische Aufzeichnungen.

Dabei wird auf die Unsicherheiten dieser Rekonstruktionen hingewiesen, insbesondere aufgrund der begrenzten geografischen Abdeckung und der unterschiedlichen Empfindlichkeiten der Proxy-Daten.

Zusammenfassend erkennt der IPCC-Bericht von 2014 die Mittelalterliche Warmzeit als bedeutende klimatische Anomalie in der Erdgeschichte an, betont jedoch, dass die gegenwärtigen klimatischen Veränderungen intensiver (und globaler) seien … eine Interpretation, die jedoch von LJUNGQUIST (2010) und zahlreichen anderen Autoren stark angezweifelt wird (siehe u.a. Abb .7).

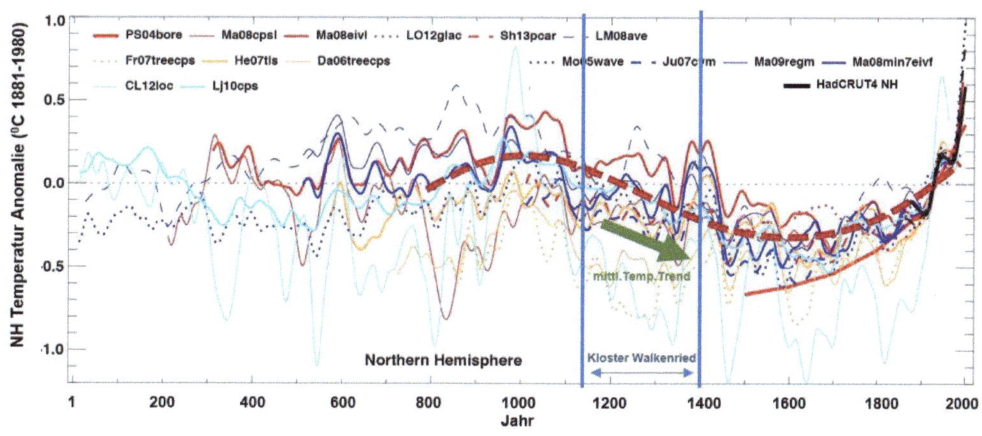

Abb. 7: Nach IPCC 2014, Climate Change AR5 Figure 5.7, mittl. Kurvenverlauf - - ergänzt vom Verfasser

Die stark unterschiedlichen Verläufe der Kurven in Abb. 7 verdeutlichen, wie schwierig es auch im Jahr 2014 für numerische Modelle noch immer ist, vergangene Temperaturverhältnisse zu rekonstruieren. Einig sind sich jedoch alle Modelle darin, dass der Höhepunkt der Mittelalterlichen Warmzeit zwischen 900 und 1200 lag. Ebenso zeigen alle Rekonstruktionen sehr gut, dass die Temperaturen erst nach der Gründung des Klosters Walkenried in den Jahren 1127 / 1129 – einer Zeit, die noch in die optimale Phase der Mittelalterlichen Warmzeit fällt – erkennbar zu sinken beginnen. Eine solche „Wende" im Klima war natürlich nicht vorhersehbar. Der Tiefpunkt dieser Abkühlung wird um das Jahr 1650 erreicht, danach steigen die Temperaturen wieder an. Diese Periode fällt mit dem Dreißigjährigen Krieg (1618-1648) und dem anschließenden Wiederaufstieg des Bergbaus im Harz zusammen.

Im IPCC-Bericht von 2021 (AR6, Sixth Assessment Report), der sieben Jahre nach dem vorherigen Bericht erstellt wurde, verschieben sich einige Schwerpunkte: Zwar bleibt die Feststellung, dass die Mittelalterliche Warmzeit durch relativ warme Temperaturen, insbesondere in Europa und dem Nordatlantik, geprägt war, doch es finden sich keine Abbildungen mehr dazu. Die in Abb. 8 dargestellte Grafik zeigt das mittelalterliche Optimum so stark verkleinert, dass kaum noch eine Besonderheit erkennbar ist.

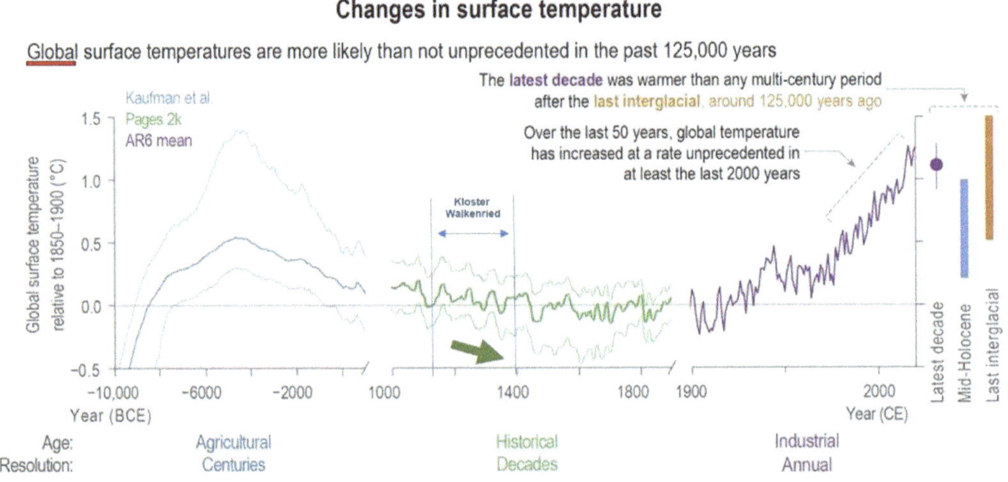

Abb. 8: Veränderungen der globalen (!) Temperaturen, nach IPCC 2021 AR6 figure 2.11

Der Bericht hebt stärker als der AR5 hervor, dass die Mittelalterliche Warmzeit nicht weltweit einheitlich war. Die Erwärmung zeigte sich regional unterschiedlich, und einige Gebiete könnten etwas kühler gewesen sein.

Im AR6 gibt es daher nur noch eine Grafik, die die „globalen" Temperaturen zeigt. Rückschlüsse auf die Nordhalbkugel (NH), wie sie im Bericht von 2014 noch möglich waren, entfallen. In AR6 ist die Mittelalterliche Warmzeit somit nicht mehr wahrnehmbar, obwohl der Zeitraum zwischen 1100 und 1400 weiterhin eine zumindest global beobachtbare Abnahme der Temperaturen zeigt.

Auffällig ist, dass die im AR5-Bericht dargestellte solare "Schwingung" (siehe Abb. 3) nun fast vollständig aus dem Bericht verschwunden ist. Abbildung 9 zeigt jedoch für den Zeitraum von 1100 bis 1300 n. Chr. einen klaren Abwärtstrend in der ´total solar irradiance´.

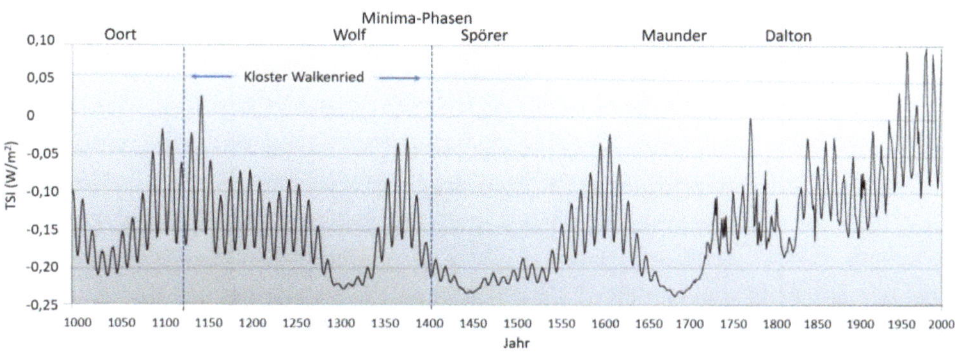

Abb. 9: Sonneneinstrahlung/TSI (total solar irradiance), nach PFISTER & WANNER 2021

Der IPCC-Bericht AR6 stellt fest, dass die Temperaturen während der Mittelalterlichen Warmzeit im Vergleich zur aktuellen globalen Erwärmung weniger homogen

und weniger stark ausgeprägt waren. Der Bericht betont, dass die moderne Erwärmung globaler und schneller verlaufen ist als die natürlichen Klimaschwankungen
der Vergangenheit, einschließlich der Mittelalterlichen Warmzeit. Die Aussage, dass
die Temperaturen der Mittelalterlichen Warmzeit „weniger stark ausgeprägt" waren,
erscheint jedoch wenig zielführend. Auch die oft wiederholte Aussage, dass die
mittelalterliche Erwärmung sich primär auf einige Bereiche Europas beschränkte, ist
nach Auffassung des Verfasser kaum haltbar: Allein ein einziges Beispiel belegt bereits, dass auch in Nordamerika (hier in Abb. 10 Kalifornien) grundsätzlich eine starke
Veränderung der sommerlichen Wärme/der Dauer des Sommers stattfand, so dass
sich dies markant in den Wachstumsringen der dortigen Borstenkiefern nachweisen
lässt.

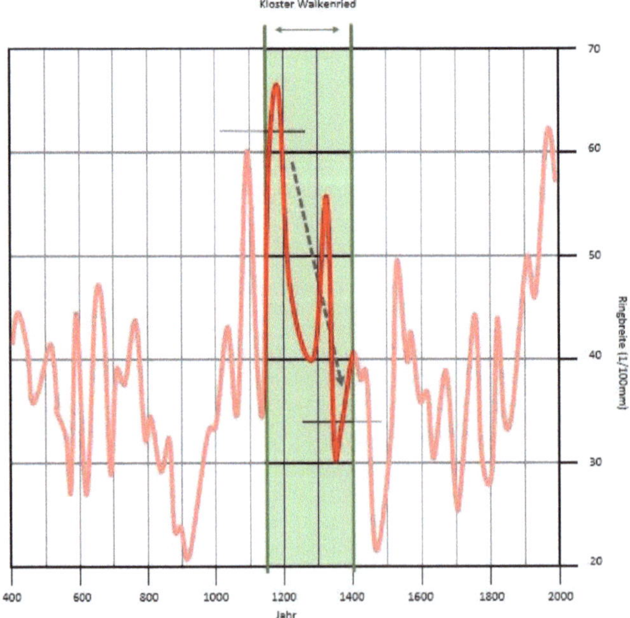

Abb. 10: Ringbreiten (Durchschnittswerte pro 20 Jahre) bei den Wachstumsringen der Borstenkiefern
nahe der oberen Baumgrenze in den White Mountains (Kalifornien). (LAMB 1982 nach Daten
von V.C. La Marche, Lab.of tree research Uni.ArizonaTucson)

Ergänzend, wenn auch nicht direkt auf Norddeutschland übertragbar, bietet Abbildung 11 einen Einblick in die großräumigen Klimaverhältnisse Europas: Ab dem Jahr 1200 drangen immer mehr europäische Gebirgsgletscher in die (meist alpin gelegenen) Täler vor. Dies war zwar im Harz nicht beobachtbar ☺, zeigt jedoch, wie sich ab 1200 die klimatischen Verhältnisse insgesamt zu kühleren Temperaturen wandelten.

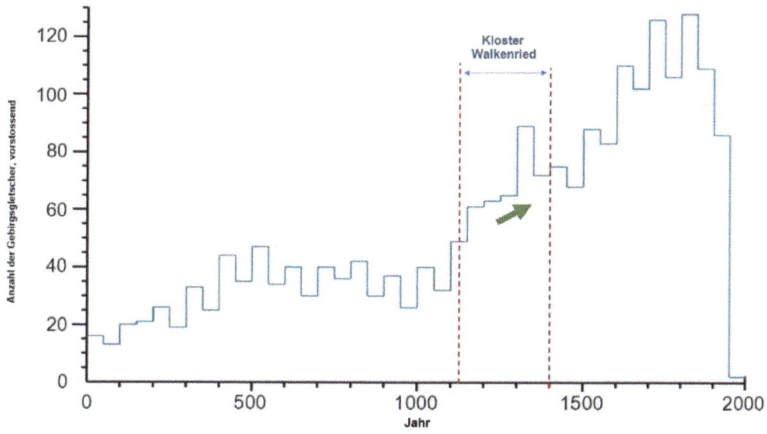

Abb. 11: Gebirgsgletscher, Anzahl der Vorstossenden (aus IPCC AR6, nach Figure 2.23)

Auch die Veränderungen in der Höhe der oberen Baumgrenze in den Schweizer und Österreichischen Alpen (LAMP 1982, nach V. Markgraf) zeigt dies in Abb. 12.

Die Schwankungen der durchschnittlichen Wärmesumme im Bereich des Südost-Schottischen Hochlandes (nach LAMP 1982, Kurve berechnet von T.M, Wigley und T.C. Atkinson 1977) gibt in Abb. 13 wieder, wie massiv in der Zeit des Klosters Walkenried in Europa sich das Klima änderte … sprich, sich in der Sinneswahrnehmung der damals lebenden Menschen ´verschlechterte´.

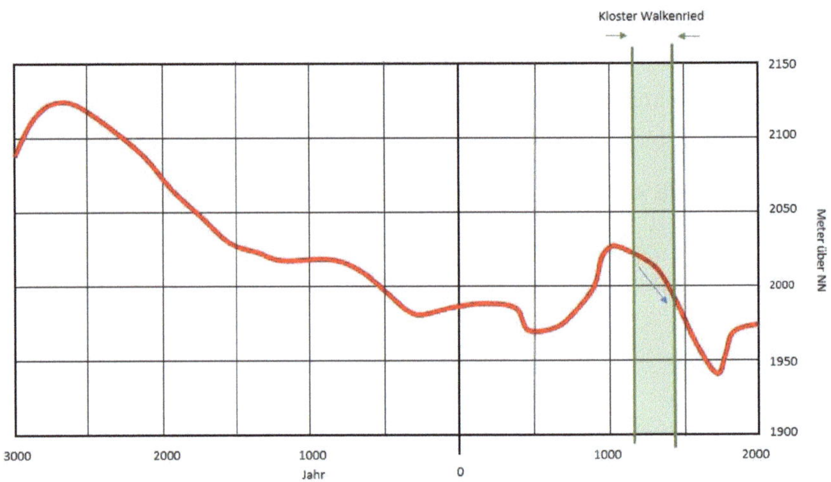

Abb. 12: Veränderungen in der Höhe der oberen Baumgrenze in den Schweizer und Österreichischen
Alpen (LAMP 1982, nach V. Markgraf)

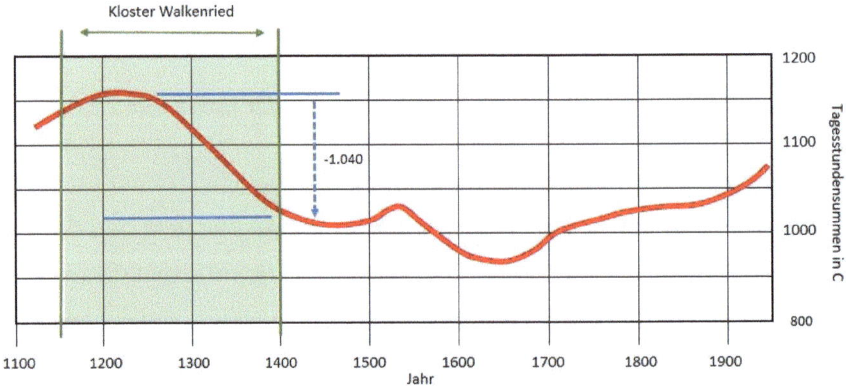

Abb. 13: Schwankungen der durchschnittlichen Wärmesumme des Südost-Schottischen Hochlandes
(nach LAMP 1982, Kurve berechnet von T.M, Wigley und T.C. Atkinson 1977)

Einen weiteren Einblick in die Klimatrends liefert Abb. 14: Die Phasen mit verstärktem Auftreten von Wanderheuschrecken stimmen mit dem Klimaverlauf überein. Ob Walkenried tatsächlich von solchen Heuschreckenplagen tangiert war, ist unklar. Aber gem. GLASER (2008) war zumindest Erfurt noch zeitweise betroffen. Das ist hier jedoch nicht entscheidend, sondern vielmehr die Tatsache, dass mit dem Ende der Mittelalterlichen Warmzeit und dem deutlichen Rückgang des Wärmeindex ab 1330 auch die Heuschreckeneinfälle erheblich zunahmen – während des Klimaoptimums war hingegen kaum ein Befall zu verzeichnen.

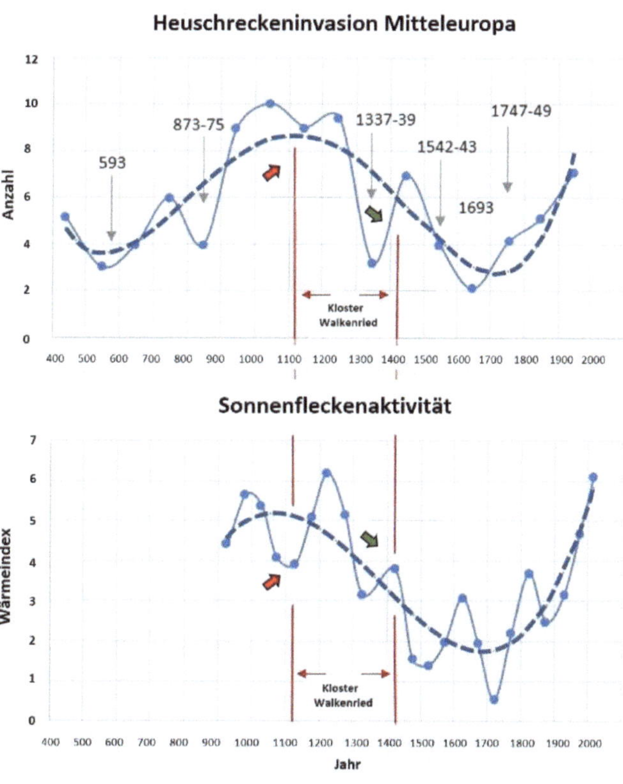

Abb. 14: Wanderheuschrecken, Sonnenflecken und Wärme-Index in Mitteleuropa (REICHHOLF 2007, dort Daten aus CLARK 2006)

FRANKOPAN (2023) geht ebenfalls auf die Heuschreckenplagen ein. Anhand seiner Quellen stellt er fest, dass im Jahr 1338 Heuschreckenschwärme über Mitteleuropa hinweg zogen, „vergleichbar mit einem Schneesturm". Die Schwärme seien so dicht gewesen, dass sie die Sonne verdunkelten, und so laut, dass Gespräche unmöglich wurden. Die Insekten vernichteten alles: „Wo sie landeten, blieb weder Saat noch Obst, weder Heu noch andere Früchte der Erde – sie fraßen alles" (CAMUFFO & ENZI 1991). Als Folge dieser Invasion verendeten zudem zahlreiche „Schweine, Hunde und andere Tiere". Um der Plage entgegenzuwirken, veranstalteten Geistliche und Bürger, beispielsweise in Prag, Prozessionen mit heiligen Reliquien und Bannern, in der Hoffnung, Gott möge dieses Unheil abwenden. Im darauffolgenden Jahr kam es in Teilen Italiens zu einer erneuten Heuschreckenplage, bei der die Eier der Insekten „so groß wie die von Fledermäusen" beschrieben wurden. Auch dort zerstörten die Schwärme die Felder und hinterließen Hunger und Krankheit.

Interessant ist, dass die Sonnenflecken (nach CLARK 2006, in REICHHOLF 2007) eng mit dem Wärmeindex korrespondieren: Abb. 14 zeigt die durchaus auffällige Nähe des Auftretens von Heuschreckenplagen zu denen der Sonnenflecken.

Kloster und (Kloster-)Landschaft … Leben im Wandel des Klimas

Mit der Gründung des Zisterzienserklosters in Walkenried (1127-1129) begannen die Mönche, die Landschaft südlich des Oberharzes grundlegend zu verändern. Das ursprünglich baumbestandene Sumpfgebiet wurde trockengelegt, wodurch Felder und zahlreiche Fischteiche entstanden. Diese Maßnahmen legten die Basis für die Sicherung der Versorgung und den darauffolgenden, wenn auch vorübergehenden, Wohlstand des Klosters.

Die strenge Einhaltung der Ordensregeln sorgte zunächst dafür, dass das Kloster Walkenried zu einem bedeutenden Machtzentrum der Zisterzienser wurde. Weitläufige Ländereien in ganz Norddeutschland, Silberbergwerke, Weinkellereien, Brauereien und verschiedene Gewerbebetriebe wurden initiiert, erworben oder fielen den Mönchen als Gegenleistung zu (siehe unten „Holzkohle"). Zusätzlich erlangte das Kloster das Privileg der Münzhoheit und die eigene Gerichtsbarkeit. Der Bau der Klosterkirche, der zu Beginn des 13. Jahrhunderts als gotische Basilika begann, dauerte über 80 Jahre und führte zur Errichtung des größten mittelalterlichen Sakralbaus in Norddeutschland. Im Jahr 1290, auf dem Höhepunkt des Klosters, wurde die Kirche geweiht.

Doch dann setzte eine schleichende Rückentwicklung ein. Die Zahl der Mönche nahm im 14. Jahrhundert stetig ab, und während des Bauernkriegs im Jahr 1525 wurde das Kloster Walkenried von aufständischen Bauern gestürmt. Sie plünderten das Kloster und vertrieben einen Großteil der Mönche. Dies führte zu erheblichen Schäden an den Klostergebäuden, insbesondere an den tragenden Teilen der Kirche. In den folgenden Jahren begann der Verfall der Anlage. 1570 stürzte das Kirchendach ein, und das einst prachtvolle Gotteshaus verfiel zur Ruine.

REICHHOLF (2007), ein herausragender Beobachter und Interpret naturräumlicher Veränderungen, betont die Verbindung zwischen Natur und menschlicher Geschichte: „Ich gehe von der Grundannahme aus, die vielen Historikern und Geisteswissenschaftlern vielleicht nicht behagt, nämlich, dass die natürlichen Lebensbedingungen und ihre Veränderungen auch einen maßgeblichen Einfluss auf den Verlauf der Geschichte hatten. Es geht mir (aber) nicht darum, die menschliche Geschichte allein aus der Natur heraus zu erklären, sondern vielmehr darum, ***die Natur und ihre Veränderungen als Rahmenbedingungen historischer Prozesse*** stärker in die Betrachtungen einzubeziehen." Formulieren wir es anders: Viele historische Entwicklungen, insbesondere solche, die mit „Naturereignissen" verknüpft sind, sind keine bloßen Zufälligkeiten. Sowohl die Geschichtswissenschaft als auch die Naturgeschichte suchen nach ´Gründen´, also nach Ursachen. REICHHOLF betont weiter: „Die von der Produktivität der Natur abhängige ´Produktivität´ der Bevölkerung entschied darüber, ob Weltreiche, die aufgebaut wurden, Bestand hatten oder rasch wieder verschwanden" … und ähnlich verhielt es sich wohl auch mit dem Klosterimperium der Zisterzienser in Walkenried.

Im Rückblick sehen wir, wie nach rund 200 Jahren des Aufschwungs (1120-1320) und den darauffolgenden 200 Jahren des Niedergangs (1320-1520) die Klosterlandschaft in Walkenried im 12. Jahrhundert zunächst rasch aufblühte, nur um dann ab dem Ende des 13. Jahrhunderts ebenso schnell wieder zu verwelken. Man könnte diese Analogie zur Pflanzenwelt skeptisch betrachten, doch auch das Werden und Vergehen von Pflanzen ist stark von den Wetter- und Klimaverhältnissen abhängig. Der Mensch war, insbesondere in jener Zeit, in erheblichem Masse von den äusseren Einflüssen der Natur abhängig, vor allem vom Klima: Gutes oder eingeschränktes Pflanzenwachstum bedeutete entweder ausreichende Nahrungsversorgung oder Hunger. Die Vorratswirtschaft bot damals nur begrenzte Sicherheit.

´Geschichte´ ist kein zufälliger Prozess. Obwohl einzelne Handlungen unvorhersehbar sind und selbst scheinbar festgelegte Abläufe variieren können, ist der Rahmen, in dem sich Gesellschaftspolitik und gesellschaftliches Handeln abspielen, oft enger als gedacht. In der Tat können wir viele historische Prozesse erst im Nachhinein, mit jahrhundertelanger Verzögerung, wirklich verstehen (siehe „Es hätte auch anders kommen können", DEMANDT 2011). Das hilft den Menschen, die ihre Geschichte in Echtzeit erleben, zwar nicht weiter, aber wir können daraus lernen: Wenn sich das Klima verändert, muss man damit ´rechnen´.

Voraussetzung ist, dass wir die Veränderungen erkennen. Das Ende der Mittelalterlichen Warmzeit und der Übergang zur Kleinen Eiszeit werden zu Recht als „Katastrophenzeit" eingestuft … damals verstanden die Menschen jedoch noch nicht, welche weitreichenden Konsequenzen diese Veränderungen mit sich brachten, auch weil sich vieles zu schnell veränderte.

REICHHOLF (2007) ordnet die Veränderungen des 13. Jahrhunderts in außergewöhnlich klarer Weise ein. Er verbindet Ereignisse, deren Bedeutung zwar immer offensichtlich erschien, die jedoch nur im größeren Zusammenhang wirklich verständlich werden: Bereits im 13. Jahrhundert gab es einen „hohen Bevölkerungsdruck", der sich in vielen, überwiegend erfolgreichen Stadtgründungen äußerte. Diese großräumige Veränderung reichte so weit, wie die Auswirkungen des „Jahrtausendsommers" von 2003, als sich das mediterrane Klima über die Alpen nach Norden ausbreitete. ***Anders als 2003 dauerte diese Wärmeperiode jedoch Jahrhunderte an***, auch wenn es kalte Jahre dazwischen gab. Während der besonders warmen Jahrhunderte des Hochmittelalters reiften Feigen in Köln, und der Weinanbau breitete sich bis nach Bayern, zur Saale und Elbe aus – in der Nachbarschaft von Walkenried. Die Donau führte in Regensburg monatelang so wenig Wasser, dass die berühmte Steinerne Brücke in Trockenbauweise errichtet werden konnte. REICHHOLF (2007) und PFISTER (1984) u.a. beschreiben zudem, dass die Klimaerwärmung sich im Rückgang der Gletscher in den Alpen zeigte, wodurch die Almen in weit größere Höhen verlegt werden konnten als heute. Die kälteren Jahrhunderte davor hatten im Süden und Südosten Europas erheblich mehr Niederschläge gebracht.

Im Hochmittelalter florierte der Westen und vor allem die Mitte Europas. Die Handelsbeziehungen dehnten sich entlang der breiten Zone günstigen Klimas tief nach Asien aus. Marco Polo reiste 1271 nach China und kehrte 1292 zurück. Ein Jahrhundert später traf die Pest Europa. Ihre verheerenden Auswirkungen sind bis heute nicht vollständig geklärt (BULST 1979). Zwar wird die Beulenpest, verursacht durch den Erreger *Yersinia pestis*, als Hauptursache angenommen, aber es bleibt ungewiss, ob der Schwarze Tod allein durch sie ausgelöst wurde. Die übliche Erklärung, dass die Pest durch Schiffsratten und deren Flöhe nach Europa gelangte, reicht nicht aus, um ihre rasend schnelle Ausbreitung zu erklären. Besonders unklar ist, warum sich die Wanderratten (*Rattus norvegicus*) so schnell vermehrten.

Das Zusammenleben von Mensch und (Wild-)Tieren wurde in der beginnenden Kaltzeit wohl ein entscheidender Faktor: Holz wurde vermehrt zum Heizen gebraucht, nicht nur während der Winterkälte, sondern während der gesamten ´Heizperiode´. Während der Kleinen Eiszeit veränderte sich das Leben grundlegend, auch in den Wohnverhältnissen. Heizöfen wurden unverzichtbar, und selbst einfache Häuser erhielten Himmelbetten, um die Wärme der Schläfer zu bewahren. Die Höhe der Wohnräume wurde reduziert, was in starkem Gegensatz zu den hohen Räumen des Mittelalters steht.

Blicken wir nochmals auf das 12. Jahrhundert: Die Wälder schrumpften nicht nur aufgrund des erhöhten Holzbedarfs für den Bau und die ersten Industrien (Holzkohle), sondern vor allem wegen der intensiven Urbarmachung für die Landwirtschaft. Die Rodung der Wälder und die Gründung neuer Städte, wie Walkenried, hingen offensichtlich miteinander zusammen. Und der Klimawandel der MWP?

WIRTS et al (2024) erarbeitet für die zurückliegenden Jahrtausende deutliche Zusammenhänge zwischen der Intensität der menschlichen Aktivitäten und der Veränderlichkeit bzw. vor alle ***Stabilität der jeweiligen Klimata*** einer Region/ eines Kontinents. Ihre Rekonstruktionen zeigen Wachstumszyklen, die dominante Frequenzen und Phasenbeziehungen sowohl im Bevölkerungs- als auch dem Pflanzenwachstum (Baumringe) aufweisen … leider nur für die Zeit zwischen 7 und 3 tsd. vor heute, die MWP und die ´Kleine Eiszeit´ bleiben in der Untersuchung aussen vor.

Generell darf man dennoch davon ausgehen, dass auch in der relativen Neuzeit die Abhängigkeit zwischen der Bevölkerungsentwicklung und dem Klima mehr oder weniger ähnlich evident blieb: Denn solange der Mensch in seiner Agrartechnik vom Wetter abhängt, solange ist er auch Teil der (oft) zyklischen Entwicklungen des Klimas/der langfristigen Witterung. Erst mit der Industrialisierung gelingt ab 1850 ein erster Schritt zum (auch) dem Klima angepassten landwirtschaftlichen Nahrungsanbau. Die Zeit des Klosters Walkenried kannte zwar Möglichkeiten einer Vorratswirtschaft, mit der man gewisse Hungerphasen puffern konnte. Aber das hielt sich noch in engen Grenzen.

WIRTS et al (2024) weist nach, dass Wachstumsschwankungen nicht zuletzt mit mehrjährigen Schwankungen der Sonnenaktivität synchronisiert sind (siehe hier auch Abb. 24-27). Der Wachstumszyklus für Europa, der auf der Grundlage von Radiokarbondaten rekonstruiert wurde, konnte durch archäologische Siedlungsdaten untermauert werden und zeigt eine starke Korrelation mit der Stabilität des jeweiigen Klimas. Sie vermuten auch hier einen Zusammenhang zu den mehrjährigen Schwankungen der Sonnenaktivität. „This stability provided more favourable conditions for human subsistence success, and seems to have induced synchrony between regional growth cycles worldwide" (WIRTS et al 2014).

Es ist kein Zufall, dass die Zisterzienser in Walkenried ein bewaldetes Sumpfgebiet trockenlegten. Solche Gebiete waren die letzten verfügbaren Flächen in einer bereits dicht bewirtschafteten Agrarlandschaft. Die Urbarmachung war weniger ein Zeichen besonderer Leistung, sondern vielmehr eine Notwendigkeit, um überhaupt noch nutzbares Land zu erschliessen. Die Gründung neuer Städte spiegelt ebenfalls wider, wie ´eng´ es bereits zuging (siehe GRAICHEN & WEMHOFF 2024). Neue Städte wären nicht nötig gewesen, wenn die Bevölkerung nicht stark angewachsen wäre. Und dieses Wachstum wäre nicht möglich gewesen, ohne neue landwirtschaftliche Flächen zur Versorgung der Menschen. Das Mittelalter war auch eine Zeit intensiver Kloster- und Städtegründungen, die dem Bevölkerungsüberschuss Raum gaben.

Zusammengefasst drängt sich der Eindruck auf, dass hinter den historischen Ereignissen grössere Zusammenhänge wirkten. Globale Klimaänderungen begünstigten in Deutschland die Weiden. Das Vieh und die Menschen entzogen ihnen aber auch die Grundlage für eine fortdauernde Existenz, wenn Wärme mit Trockenheit oder Kälte mit Nässe und damit Missernten einhergingen.

REICHHOLF schließt daraus: „Bei naturgeschichtlichen Betrachtungen müssen wir uns oft mit Wahrscheinlichkeiten zufriedengeben. Jede Zeit hat ihre Vorgeschichte, aber die Gegenwart bietet immer noch Spielräume für den weiteren Verlauf der Geschichte. Wer diese Freiheit als alleiniges Kriterium betrachtet, erhält jedoch eine zusammenhanglose Abfolge von Ereignissen, ähnlich spannend wie das Auswendiglernen von Jahreszahlen im Geschichtsunterricht der Schulen".
Zu den in die Historie eingebetteten (wirtschafts-)politischen Vorgängen mit „Klimahintergrund" könnte auch die Tatsache zählen, dass bereits im Jahr 1157, also schon 28 Jahre nach Gründung des Klosters, Kaiser Barbarossa *ein Viertel der Erzausbeute* des Rammelsbergs bei Goslar den Walkenrieder Zisterziensern ´zusprach´. Dies ist eine wichtige zeitgeschichtliche Information, die bisher nach Einschätzung des Verfassers nur unzureichend gewürdigt wurde, weil sie eventuell falsch verstanden wird? Denn Barbarossa ´sprach´ den wertvollen Besitz dem Kloster ´zu´, d.h. das Kloster hat die Anteile keineswegs erworben oder gar er-

kämpft, es hat sie ´bekommen´. Das ist ein Unterschied, der in einer Weise interpretierbar sein kann, die bisher unbeachtet blieb.

Steht dieser Vorgang letztlich sogar in Zusammenhang zum mittelalterlichen Klimawandel, der MWP? Wohl nicht nur, denn am Rammelsberg war Walkenried seit der zweiten Hälfte des 12. Jahrhunderts mit der Realisierung moderner Wasserwirtschaftssysteme befasst. Das war gewiss wichtig, aber dennoch eher ein lokaltechnischer Aspekt. Schauen wir uns an, ob der Kaiser die enorm wertvolle Erzausbeute den Zisterziensern also wirklich ´freiwillig´ gegeben hat. Oder ob es in Wahrheit vielleicht handfestere Gründe gab, aus denen heraus er es ´musste´? Der Verfasser glaubt nach Durchsicht der Quellen: Ohne wirklich triftigen Anlass wird er diesen Schritt letztlich nicht getan und diesen Schatz nicht abgegeben haben. Bei aller Grosszügigkeit gegenüber der Kirche: Barbarossa stand wohl auch unter einem **Zwang**, diesen ´Zuspruch´ zu geben. D.h. der Druck, dem er objektiv ausgesetzt war, entstand eventuell ganz schlicht aus der Notwendigkeit heraus, die Erzausbeute **überhaupt** praktisch verwertbar machen zu können. Meint, das Erz an sich ist *erst dann* wirklich von Wert, wenn es **aufgeschmolzen** werden kann und das daraus resultierende (hoch-)reine Silber dann als Barren oder Münzen zur **effektiven Verwendung als Zahlungsmittel** zur Verfügung steht.

Holen wir zunächst etwas aus und sehen in das Urkundenbuch Bd. 1 des Klosters Walkenried, das für den 23. Juni 1157 vermerkt: „Kaiser Friedrich I. gestattet dem Kloster Walkenried, mit Ministerialen und Leuten des Reiches Tauschgeschäfte über Reichsgut in einem Umfang bis zu drei Hufen unter Wahrung des Vorteils des Reiches abzuschließen." Diese Eintragung geht nicht auf die so wichtige ´Zusprechung´ ein, gibt aber wiederum klar zum Ausdruck, dass alles „unter Wahrung des Vorteils des Reiches" stehen muss. Daher wird auch die ´Zusprechung´ der Erzanteile am Rammelsberg sicherlich nicht ohne Berücksichtigung der Interessen

Kaiser Barbarossas gestanden haben. Es muss also gute Gründe gegeben haben, dass das Reich eine solch enorme Grosszügigkeit in Form der Erz-Zusprechung gezeigt hat. Die Möglichkeiten, um welche Zusammenhänge es sich dabei gehandelt haben könnte, sind z.Zt. (noch) spekulativ, allerdings unter Zusammenführung der damals wichtigsten Randbedingungen wohl darstellbar (1).

In erster Linie dürfte es sich um die ***Frage der Energie*** gehandelt haben. Es hat sich bis heute nichts daran geändert, dass ohne externe Zuführung von Wärme/Hitze keinerlei prospektiver Prozess gelingen kann. Meint: Die Schmelze des Rammelsberger Erzes war ohne externe „Energie" nicht möglich. Was sich trivial anhört, war es (auch damals) nicht. Die Schmelzhütten des 13. Jahrhunderts benötigen für ihre Arbeit ***Holzkohle***. Sehr viel Holzkohle! Ganze Landstriche waren um diese Zeit zur Gewinnung des Brennstoffs bereits entwaldet worden (2).

Last not least brauchte es ja dann ohnehin auch viel Bauholz. Die Städte wurden, wie man es heute so leicht formuliert, nicht nur formal ´gegründet´… sie wurden neu gebaut. Zu hunderten, zwischen 1240 und 1300 bis zu über 20 Städte jährlich (STOOB 1959). Wo heute Beton verwendet wird, stand im Mittelalter fast ausschließlich das (Stamm-)Holz für tragende Konstruktionen zur Verfügung. Vom Kirchenbau bis zu den Prunkhäusern der damaligen Elite, von den Zunfthäusern der Handwerker bis zu den Wohngebäuden der Städter, alles wurde aus hölzernem (Fach-) Werk errichtet.

Und dieses wertvolle Holz wurde knapp. Einerseits deshalb, weil es vielfältigst und in enormen Mengen und (eben) allein bereits auch schon für Holzkohle benötigt wurde. Die gesamte Energieversorgung des Mittelalters beruhte auf Holzkohle. Grosse Mengen wurden für die Feuer der Glas- und Erzschmelze aufgesetzt. So wird vorstellbar, wie wichtig der stetige Nachschub an Holz(kohle) tatsächlich war

… es wurde lange Zeit zu ´dem´ Engpass des Mittelalters. Diese Tatsache ist bekannt, wird aber noch immer nicht systematisch eingeordnet. Aber kommt eventuell auch noch ein Punkt hinzu, der ganz ähnlich jenem des *aktuellen* Klimawandels ist? Mit den relativ hohen Temperaturen der MWP könnte das heute bekannte Phänomen der Waldschäden verbunden gewesen sein. Dies ist reine Spekulation, Berichte dazu liegen nicht vor, es war im Mittelalter kein Thema … weil man es vermutlich gar nicht wahrnahm. Ausser möglicherweise indirekt dadurch, dass das Holz knapper wurde? Wegen des Bedarfs insgesamt *und* weil die Bestände sich auch ´natürlich´ reduzierten? Wir wissen es nicht.

Trotzdem ist der Gedanke wohl angemessen, die Geschichte, die um die reichen Pfründe des Klosters handelt, auch einmal *anders* einzuordnen. Greifen wir dazu die Verhüttung am Rammelsberg heraus: Hier benötigte man ´gigantische´ Mengen an Holzkohle, denn nur auf diesem Weg waren die erforderlichen hohen Schmelztemperaturen zu garantierten. Die Feuer brannten für Temperaturen von min. 1000 Grad C. Mit Kohle aus Holz. Weite Bereiche des Landes waren Mitte des 13. Jahrhunderts aber bereits regelrecht entwaldet. Kaiser Barbarossa brauchte tagtäglich mehr als dringlich Holz (respektive Holzkohle) für seine Erz- und Silberschmelze sowie, natürlich, vor allem auch für den *Städtebau*.

(1) Die bisher kolportierte Interpretation der Überlassung von rd. einem Viertel des Erzabbaus am Rammelsberg durch Kaiser Friedrich I. („Barbarossa") im Jahr 1157 an das Zisterzienserkloster Walkenried enthält mehrere Begründungen:

1. **Förderung der wirtschaftlichen Entwicklung**: Der Rammelsberg bei Goslar war eine bedeutende Quelle für Silber und andere Erze, die für das Reich von großer wirtschaftlicher Bedeutung waren. Durch die Beteiligung des Klosters Walkenried am Erzabbau wurde ´die Erschließung dieser Ressourcen intensiviert und die regionale Wirtschaft gefördert´. Die Zisterziensermönche waren ´bekannt für ihre technischen Kenntnisse, insbesondere im Berg-

bau und in der Metallverarbeitung´. Barbarossa erhoffte sich also eine effizientere und produktivere Ausbeutung der Erzvorkommen durch das **technische Know-how der Mönche**. Aber das ist nur EINE der möglichen Interpretationen der Zeit um 1200 A.D. … .

2. **Unterstützung und Kontrolle der Kirche**: Barbarossa pflegte enge Beziehungen zu Klöstern und kirchlichen Institutionen, die eine wichtige Rolle im Reich spielten. Die Vergabe von Rechten und Beteiligungen an wertvollen Ressourcen wie dem Erzabbau könnte also eine Form der ´Unterstützung für das Kloster´ gewesen sein, aber auch eine Methode zur ´Stärkung der Bindung der Kirche an die kaiserliche Autorität´. Diese Unterstützung diente Barbarossa fraglos dazu, sich die Loyalität und den Einfluss der Kirche in den oft zerstrittenen und instabilen Reichsgebieten zu sichern. Aber auch das ist mehr Spekulation als Wissen. Zwar stimmt es, dass die Kirche fast schon apriori Privilegien genoss. Dennoch waren die Interessen des Kaisers gewiss nicht so wenig wert, dass man ´mal eben´ ein Viertel der wertvollen Erzförderung an das Kloster Walkenried verschenkt hätte … .

3. **Absicherung und Stabilisierung der Herrschaft in der Region**: Das Kloster Walkenried lag strategisch günstig am Harz, aber keineswegs so ´nahe der damaligen Erzabbauregionen´. Walkenried ist im Harz sogar diametral entgegen des Rammelsberges gelegen … Nord- zu Südharz mit dem Hochharz dazwischen. Die Förderung des Klosters könnte aber natürlich dabei geholfen haben, die kaiserliche Kontrolle in den wirtschaftlich wichtigen Regionen zu festigen. Barbarossa sicherte sich damit sicherlich die Unterstützung einer mächtigen und regional einflussreichen Institution, die im Sinne des Reiches wirtschaftlich und sozial wirken konnte.

4. **Verbreitung der Zisterzienser und deren landwirtschaftlichen und wirtschaftlichen Fortschritts**: Die Zisterzienser waren bekannt für ihre fortschrittlichen landwirtschaftlichen Methoden, die Entwässerung von Sümpfen und die Schaffung von Agrarland. Die Förderung des Klosters Walkenried könnte auch das Ziel gehabt haben, die Zisterzienser zu stärken, um die Besiedlung und wirtschaftliche Entwicklung in der Region Harz voranzutreiben.

Die überwiegende Meinung/Beurteilung z.Zt. ist, dass Barbarossa durch die Vergabe der Erz-Rechte vor allem eine kluge politische Strategie verfolgte. D.h., indem er kirchliche Institutionen als Machtbasis nutzte und zugleich die wirtschaftliche Lage des Reiches stärkte, wurden der Rammelsberg und das Kloster Walkenried beidseitig zu wichtigen Elementen der Erhaltung der kaiserlichen Autorität und der wirtschaftlichen Stabilität im Heiligen Römischen Reich. Nur: Unerwähnt bleiben dabei bisher die äusseren **natürlichen Zwänge**, die erst jetzt mit der aktuell und intensiv erfolgenden Erforschung der Einflüsse des Umweltwandels aufgedeckt werden! Auch der Part ´Klima´ ist keine Belanglosigkeit, und dies erst recht nicht in vorindustriellen Zeiten. Die Abhängigkeit des politisch-wirtschaftlichen Systems von der „Umwelt" war im 12.-14. Jahrhundert um ein vielfaches grösser, als es heute der Fall ist. Und selbst der moderne Mensch jammert ja oft noch über die Folgen von Wetter und Klima, weil sie sogar im 21. Jahrhundert ´verheerend´ sein können … und im 13. Jahrhundert eben auch gewesen sind. Die Hilfe der Kirche war dabei nicht nur ideell (Glaube) sondern sicherlich auch ganz konkret über eine direkte Unterstützung in Handels- und Wirtschaftsfragen gegeben. Und nicht zu vergessen: ´pecunia non olet´ gilt auch im Kloster.

(2) Für das 13. Jahrhundert ist der Waldbesitz des Klosters Walkenried in verschiedenen Regionen des Harzes dokumentiert. Der Holzbedarf des Reiches, den man decken musste, war ausserordentlich gross, aber die Entnahme der Bäume/Stämme erfolgte nicht in einem systematischen, nachhaltigen Sinne. Häufig wurde Holz direkt nach Bedarf geschlagen, oft in Form von „Hieben", bei denen grössere Flächen auf einmal abgeholzt wurden. Die genauen Flächen und Ausmasse des Waldbesitzes sind schwer zu beziffern, da viele historische Dokumente aus dieser Zeit nicht erhalten sind. Dennoch ist sicher, dass das Kloster Walkenried durch seinen Waldbesitz eine bedeutende wirtschaftliche Macht im Harzgebiet darstellte und den Wald in einer für das Mittelalter typischen Weise bewirtschaftete. „Waldbewirtschaftung auf mittelaltertypische Weise" bedeutete eine oft weniger systematische und nachhaltige Nutzung des Waldes im Vergleich zu modernen Forstwirtschaftsmethoden. Es ging vor allem darum, den Wald als ´Ressource zur Deckung des unmittelbaren Bedarfs´ zu nutzen, ohne immer langfristige ökologische Konsequenzen zu bedenken. Denn vor allem das Phänomen des **Kahlschlags**, bei dem große Flächen des Waldes auf einmal gerodet wurden, war verbreitet. Diese Kahlschläge und Hiebe führten letztlich häufig sogar zu einer ***Abnahme der Waldbestände*** in den betroffenen Regionen, auch im Harz

Für die ***Köhlerei*** im Harz liegen Informationen meist erst ab dem 17. Jahrhundert vor. HILLEBRECHT (2008) fast den Stand des Wissens zusammen, kann aber keine genaueren Angaben über die Zeit zwischen 1200 und 1400 machen. Sicher ist, dass es nicht erst im 16. Jahrhundert (erneut) zu einem Raubbau an den Wäldern infolge des stark expandierenden Montanwesens kam. Es war auch davor bereits eine chronische Holzverknappung (siehe auch Städtebau) eingetreten, die im 13. Jahrhundert dann sogar zu Einschränkungen in der Metallschmelze geführt haben könnte. Wie GRAICHEN & WEMHOFF (2024) schreiben, zeigt „die große Meilerdichte im Harz … die Übernutzung der dortigen Wälder. Archäologische Untersuchungen der Meiler- und Schlackenplätze und die Analyse der Holzkohle belegen die Abhängigkeit zwischen steigendem Bergbau und abnehmender Bewaldung. … . Der Abbau von Edelmetallen (und seine anschliessende Schmelze) war die Voraussetzung für die Entwicklung der Geldwirtschaft, der Rammelsberg wurde zum Zentrum des Silberbergbaus. Und das Kloster hatte um-

fangreichen Waldbesitz im Westharz. … . Walkenried mit seinem Waldbestand wurde zu einem der
reichsten Besitztümer der Zisterzienser – und damit auch zu einem der politisch einflussreichsten.
Denn der Holzmangel führte zur Wertsteigerung, Energie wurde zum Handelsobjekt. … Bauholz, Werk-
holz, Brennholz: Wie die heutige Wirtschaft vom Öl, so war die des Mittelalters abhängig vom Wald, der
sowohl Grundstofflieferant als auch wichtigster Energieträger war. … Nach der Zeit der Städtegründungen und der Bevölkerungsexplosion war die heimische Kapazitätsgrenze um 1300 erreicht. Schon für
das Jahr 1303 belegt die Bremer Zollordnung sogar einen beträchtlichen Holzimport (!), um die Nach-
frage zu decken … - ein gutes Geschäft für die mittelalterliche Hanse."

Eine einfache überschlägige Rechnung kann Licht auf die Dimensionen des Holzkohlebedarfs werfen:
Pro Hektar Waldfläche des Oberharzes sind rd. 1.000 grosse Buchen zu erwarten. D.h. auf rd. 300.000
Hektar Waldfläche, die der Oberharz mit Blick auf den Rammelsberg aufweist, wachsen max. 300 Mill.
Bäume. Jeder Baum besitzt im ausgewachsenen Zustand ein Holzvolumen von rd. 2m^3 oder auch 1-1,5
t Holz. Für 1 t Holzkohle werden 4-5 t Holz benötigt. D.h. man braucht rd. 4 grosse Bäume für 1 t Holz-
kohle. Der Harz als Naturraum wäre also theoretisch (ohne Berücksichtigung des Nachwuchses) in der
Lage rd. 75.000.000 t Holzkohle zu liefern. Da man für 1 t Erz rd. 2 t Holzkohle benötigt, wäre damit 37
Mill t Erz aufschmelzbar. Für das Mittelalter belaufen sich die Schätzungen der Erzförderung auf mehrere tausend Tonnen pro Jahr. In der Annahmen, dass rd. 10.000 t pro Jahr über einen Zeitraum von 100
Jahren abgebaut wurden, sind dies 1 Mill. t. Nur: Hier wird unterstellt, dass es ausschliesslich um „Holz
für Kohle" geht. Das ist natürlich Unsinn, denn vor allem auch das Bauholz war ´DER´ Faktor im Raubbau der Wälder. So ist dies also eine Maximalschätzung. Realistisch sollte man alle Werte reduzieren.
Das bedeutet, dass wohl kaum mehr als 500.000 t Erz über 100 Jahre abgebaut wurden, wofür 1 Mill. t
Holzkohle benötigt wurde, für die rd. 5.Mill. t Holzeinschlag notwendig waren, was rd. 4 Mill. Bäumen
entspricht. Da im Oberharz vermutlich aber nicht mehr als 75.000 Hektar (25%) Waldfläche effektiv für
den Holzeinschlag zur Verfügung standen und darauf max. 75 Mill. Bäume ´geerntet´ werden konnten,
sind dies 19 Mill. t Holzkohle, die zur Verfügung hätten stehen können. Somit konnten rd. 10 Mill.t Erz
geschmolzen werden. Tatsächlich waren es ´nur´ 500.000 t in 100 Jahren. Und erneut: Der Städtebau
brauchte enorme Mengen an (Bau-)Holz! Die Schätzungen lauten, dass für eine mittelgrosse Stadt des
Mittelalters ein jährlicher Bauholzbedarf von rd. 60.000 m^3 oder rd. 30.000 Bäumen bestand. In 100
Jahren wären das 3 Mill. Bäume … für EINE Stadt. Die obige Zahl von 4 Mill. Bäumen für die Holzkohleproduktion ist damit also bereits fast erreicht. Für die Zeit des 16. Jahrhunderts gibt STEINSIEK
(1999) an, dass neben dem ´Kohlholz´ auch grosse Mengen an Grubenholz benötigt wurde. Dies mag
im 13. Jahrhundert noch weniger ausgemacht haben, aber vergessen wir andererseits auch nicht den
Hausbrand … .

Interessant ist, dass damals tatsächlich auch Erz vom Rammelsberg *über den gesamten Harz hinweg bis nach Zorge* (Südharz) per Eseltransport verfrachtet wurde. Das scheint nur solange widersinnig, bis man weiss/ahnt, dass die Holzkohle- und Bauholzproduktion des Nordharzes für die Erzmengen (schmelze) und den Städtebau wohl nicht ausgereicht hat. Hier war es daher notwendig, Erz zum Südharz abzugeben und dort mit der lokalen, (noch) reichlicher vorhandenen Holzkohleproduktion zu verhütten. Wie auch später im Ruhrgebiet: Das Erz wandert zur Kohle. Das Kloster hatte diese (Holz-)Kohle … der Kaiser leider nicht (ausreichend)? So könnte der ´deal´ zwischen dem Reich und dem Kloster entstanden sein: Ein Viertel des Erzes für die Zisterzienser gegen die gesamte (Schmelz-)Energielieferung zu Händen des Kaisers.

Fakt ist: Das Kloster **erwarb** keineswegs umfangreiche Rechte am Bergbau, sondern **bekam** selbige von Barbarossa übereignet (´zugesprochen´). Und das war kein uneigennütziges Geschenk, es war vielmehr wohl eher ein ´deal´, den der Kaiser eingehen *musste* … um seine Schmelzhütten weiter betreiben und die Städte aufbauen zu können. Denn das Kloster hatte seine Hand auf dem Wald/dem (Bau-)Holz/der **Holzkohle** des Harzes. Selbst für die Herrschenden war es nicht so leicht möglich, sich dieses Waldes zu bedienen, denn der Forst gehörte nicht (nur) dem Reich, er stand vielmehr in weiten Teilen im Besitz der Kirche und des Klosters. Und diese Kirche war zu einflussreich, als dass man einen weltlichen Zugriff so einfach hätte wagen können. Hier musste man ´handeln´. Im wahrsten Sinne des Wortes. Und notgedrungen.

Was dabei mit gewisser Wahrscheinlichkeit also eine Rolle spielte, ist der Klimawandel der MWP: Mit der Abholzung, die zu weiten Kahlschlägen führte, war eine naturgegebene Walderholung kaum mehr möglich. Die Erosion der Böden machte dann die Selbsterneuerung des Waldbestandes zusätzlich schwer. Und die Veränderung der atmosphärischen Bedingungen mit der „Hitze" der MWP dürfte auch damals die Wälder unter ´Stress´ gesetzt haben. Spätestens ab Mitte des 13. Jahrhunderts, mit den dann abnehmenden Temperaturen, tat sich der Waldbestand eventuell dann sogar auch noch schwer, sich wieder zu erholen.

Hier kam insgesamt, nochmals betont, dem Kloster sein Waldbesitz zugute. Die dichten Baumbestände des Harzes im 12. Jahrhundert gehörten, wie o.a. in weiten Bereichen den Walkenrieder Mönchen. Zuvor eher wertlos, nun jedoch ein Rohstoff, den der Kaiser dringend brauchte. Man konnte etwas geben, was der Herrscher aus eigenem Zugriff nicht ausreichend besass … Holzkohle! Seine weltliche Gegenleistung: Mindestens ein Viertel der Erzförderung am Rammelsberg. Das Kloster Walkenried war in einer Position, die man dort auch nutzte: Man lieferte die Holzkohle für die Schmelzhütten des Kaisers.

Die Formulierung von GRAICHEN & WEMHOFF (2024) lautet, dass die Walkenrieder Mönche für die Besitzanteil-´Zusprechung´ am Rammelsberg „Kohle (…) ohne Einschränkung brennen *durften*". Dieser Schluss könnte jedoch eine Fehlinterpretation sein. Meint, man ´durfte´ nicht die Holzkohle herstellen … man machte es (und *musste* es) als ***Gegengeschäft für die ´Überlassung´ von sage und schreibe einem Viertel der Anteile am Erzbergbau***.

Der Raubbau an den Wäldern war das erste Glied der Kette, der Klimawandel der MWP mit seinen Einschränkungen im Holznachwuchs das Zweite, die daraus folgende Beschaffungsnot im Holz-/Holzkohle-„Handel" das Dritte und der Absturz des Klimas in Richtung Kleine Eiszeit das Vierte … das Kloster besass ´waldtechnisch´ aber eine Position, die durch den Holzmangel Reichtum verlieh.

Die Mittelalterliche Warmzeit (MWP)

Es gibt, wie wir sehen, Veröffentlichungen und einige glaubwürdige Dokumentatio-
nen zur Mittelalterlichen Warmzeit (MWP), die durch die Auswertung von lokalen
historischen Archivaufzeichnungen und schriftlichen bzw. mündlichen (sozusagen
privaten) Überlieferungen gewonnen wurden. Solche Informationen sind natürlich
nahezu vollständig ´qualitativ´. Durch sie lassen sich Grundzüge klimatischer
Veränderungen zwar erahnen, aber nicht ´bemessen´ ... was es somit zusätzlich
braucht, sind quantitativ-physikalisch fassbare Bestätigungen.

Konsens gesteht darin, dass die MWP ihre ´Kernzeit´ zwischen 1000 und 1300 a.d.
hatte: Die Belege bzw. Zeugnise dafür sind durchaus solide. So z.B. der von
PFISTER & WANNER (2021) ermittelte ´Pfister-Index´, der durchaus detailreich
(siehe Abb. 5) die Klimaverhältnisse des Hochmittelalters (1000-1300) erfasst bzw.
für Europa analysieren kann. Im ´Winter-Frühjahr-Sommer´-Zeitraum wird ein guter
Überblick über die grundsätzlichen Vorgänge gegeben (PFISTER & WANNER
2021, Kapitel 7, Seite 166 ff). D.h., es gibt auch ohne die Verwendung eines
Thermometers die Möglichkeit Temperaturen (nachträglich) abzuschätzen!

Die Eingrenzung von Temperaturbereichen der Vergangenheit gelingt auch mit
Methoden der Dendrowissenschaften (veränderliches Pflanzenwachstum als
Funktion der Qualität ihrer Umgebungsparameter einschliesslich jener der Luft-
temperaturen, siehe Abb. 10) oder der Isotopen-Geochemie (Speleothem-
Analysen).

Der IPCC hat in seinen Berichten nur einen kleineren Teil der oft als ´unsicher´
geltenden Sekundär-Informationen berücksichtigt. Die Klimarekonstruktionen der
vom IPCC eingesetzten Wissenschaftler basieren hauptsächlich auf technisch-

naturwissenschaftlichen Untersuchungen, oft in Form von rückrechnenden Modell-
szenarien, die wiederum auf numerischen Annahmen (!) von Naturabläufen be-
ruhen. Diese **Annahmen** spiegeln jedoch nicht unbedingt die tatsächlichen klimatischen Bedingungen und Rückkopplungen des Mittelalters wider, wodurch einige
Lücken in der wissenschaftlichen Betrachtung entstehen.

Was an dieser Stelle nun noch wichtig ist zu erwähnen: Die Begriffe „Mittelalterliche Warmzeit" (MWP) oder „Mittelalterliche Klimaanomalie" (MCA) werden leider
etwas inkonsistent verwendet, da nicht alle Studien dieselben Anfangs- und End-
punkte setzen. Dennoch wird allgemein übereinstimmend vereinbart, dass der
Kernzeitraum der MWP die Phase zwischen 1000 und 1300 umfasst.

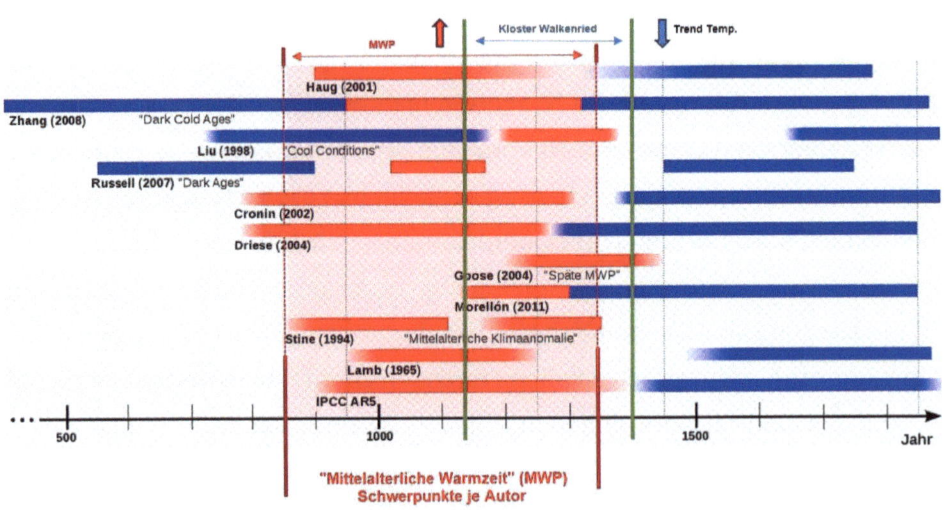

Abb. 15: Zeitliche Einordnung der MWP je Autor/Publikation (WIKIPEDIA.org)

Betrachtet man Abbildung 15, könnte man sich intuitiv (´sarkastisch´) fragen, ob die Gründung des Klosters Walkenried nicht im Hinblick auf die damalige Klimaentwicklung etwas "zu spät" erfolgt ist. Diese Einschätzung ist natürlich erst heute möglich. Aber es bedeutet auch, dass die Klostergründung tatsächlich in der absoluten Blüte- bzw. Hochzeit der Mittelalterlichen Warmzeit (MWP) stattfand.

Es ist anzunehmen, dass seitens des Klosters zu diesem Zeitpunkt ein optimistischer Blick in die Zukunft vorherrschte. Die Mönche und die Bevölkerung hatten wohl keinen Grund zu glauben, dass sich das Klima ändern und kälter werden könnte. Klimawissenschaft war noch ein Fremdwort, eine anlytischer Rückblick exitierte nicht, aber das intiutive Erkennen einer im Leben eines Menschen ´andauernden´ Positivphase der Witterung war sicherlich vorhanden … allein die Tatsache, dass sich die Bauweisen jener Zeit durchaus den höheren Lufttemperaturen anpasste, spricht bereits dafür.

Heute sehen wir, dass mit Beginn der Industrialisierung und dem Anstieg des CO_2-Levels sozusagen erneut ein Trend zu merklich höheren Lufttemperaturen feststellbar ist. Aktuell ist die Frage, ob der Mensch „hauptsächlich" (siehe IPCC AR6) die treibende Kraft hinter dieser Veränderung ist, oder ob es nicht auch andere wesentliche Faktoren gibt, die zu einem Klimawandel (mit höheren Lufttemperaturen) führen und das menschliche Leben ´atmosphärisch´ beeinflussen. Die Berichte AR4 und teilweise auch AR5 des IPCC weisen in der Tat darauf hin, dass neben CO_2 offensichtlich noch weitere ´Optionen´ existieren, die den Temperaturverlauf über die Zeit beeinflussen können. Einige davon sind zyklisch. Im Mittelalter gab es allerdings nur Temperaturanstiege und -absenkungen, die nicht auf CO_2-Veränderungen zurückzuführen waren. Diese Feststellung soll keineswegs als Argument für „Klimaskepsis" verstanden werden, sondern stellt lediglich eine physikalische Tatsache dar.

Der Verfasser hat es schon dargestellt: Über Proxys gelingt es, auch belastbarere Belege für übergeordnete Klimaeinflüsse zu finden, also prägende Randbedingungen von und für Klimaveränderungen auch für vergangene Zeiträume aufzuzeigen. ORTEGA (2015) unternahm den Versuch einer bis ins Jahr 1049 zurückreichenden Rekonstruktion der Nordatlantischen Oszillation (NAO), die als ein bedeutender meteorologischer Komplex gilt, welcher das Wetter in Europa steuert. Dies ist auch für die Betrachtung der MWP von Interesse, denn langfristig gilt ein überdurchschnittlich positiver NAO-Trend als Indikator für stärkere Westwinde über dem Atlantik, die tendenziell mildere und feuchtere Luft nach Europa und in die gemässigten Breiten führen. Die Abbildung 16 zeigt, dass zwischen 1130 (dem Jahr der Gründung des Klosters Walkenried) und 1400 überwiegend eine positive NAO-Tendenz zu beobachten ist. Dies alleine beweist zwar nicht, dass das Klima in diesen rund 250 Jahren günstiger für das gesellschaftliche Leben in Walkenried war, dennoch ist es auffällig … siehe dazu vor allem den nachfolgenden Abschnitt „Das Ende der MWP … warum ändert sich das Klima"?

Die Wahrscheinlichkeit milderer atmosphärischer Verhältnisse, die mit positiven NAO-Perioden verbunden sind, ist jedenfalls durchaus plausibel. Dagegen spricht auch nicht die Häufung von Extremereignissen, wie sie beispielsweise um das Jahr 1300 mit dem DANTE-Zeitraum begannen und sich in der Magdalenenflut von 1342 (vermutlich verursacht durch eine Vb-Wetterlage) fortsetzten, denn es beschreibt/symbolisiert eher den ***beginnenden Wandel der atmosphärischen Bedingungen***.

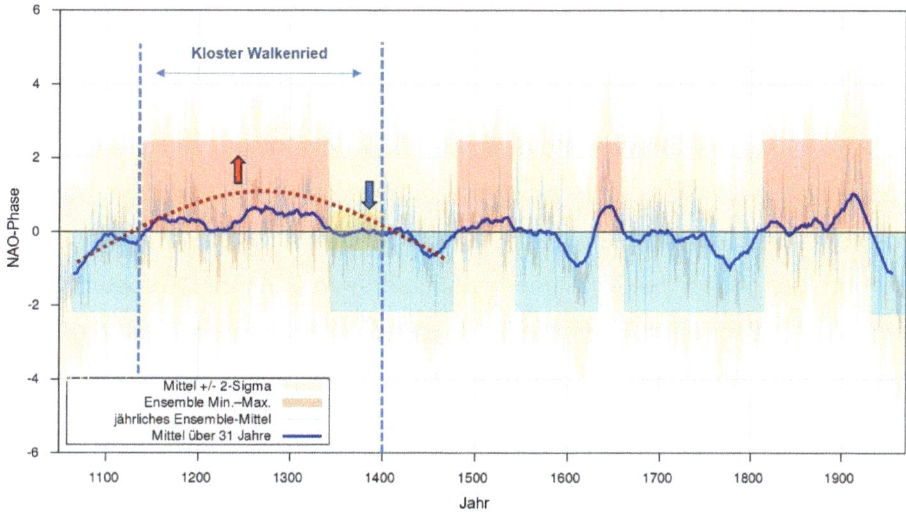

Abb. 16: Rekonstruierte NAO (* Nord Atlantische Oszillation) zwischen 1049 und 1969 (nach BAKER et al 2015 und ORTEGA et al 2015)

(*) Die NAO/North Atlantic Oscillation wird als ein dimensionsloser Index berechnet, der sich aus der Stärke der Westwinde über dem Nordatlantik, der Sturmintensität und -region über dem Nordatlantik und dem Niederschlag in Eurasien ergibt. Damit ist die NAO eine wichtige Grösse zur Interpretation der Veränderungen im kontinentaleuropäischen Wetter und dem Klima. Der NAO-Index basiert üblicherweise auf der Differenz der standardisierten Luftdruck-Anomalien zwischen Lissabon, Gibraltar oder Ponta Delgada (Azoren) und Reykjavík (Island).

Es ist zwar kein direkter „Messwert", dennoch ist auch der Trend der Bevölkerungsentwicklung innerhalb eines Lebensraumes eine Art Mass für dessen ´Stabilität´. Brechen keine aussergewöhnlichen Seuchen aus oder herrschen über einen bestimmten Zeitraum auch keine ungewöhnlichen Konflikte mit beidmals deutlich erhöhter Mortalität, dann kann ein deutlicher Bevölkerungsanstieg eventuell auch als positive Auswirkung langandauernder lebensfreundlicher Witterung gedeutet werden. Das ist zwar gewiss keine Sache, die ´gerichtsfest´ sein kann, aber sie stützt Betrachtungen durchaus ab. Meint, während der

Mittelalterlichen Warmzeit (MWP) erlebte Europa einen deutlichen Bevölkerungsanstieg. Und diese Entwicklung wird verständlicherweise auch mit den klimatischen Veränderungen, insbesondere der Verbesserung der durchschnittlichen
Wetterbedingungen in Verbindung gebracht. Das insgesamt günstige Klima in
Europa führte fast zwangsläufig zu einer Expansion der Landwirtschaft, trotz der
nach wie vor vergleichsweise einfachen Techniken im Ackerbau und bei den Ernte-
methoden. Besonders die Getreideproduktion dehnte sich nach Nordeuropa aus …
wobei diese Expansion jedoch mit dem Einsetzen der ´Kleinen Eiszeit´ und der
damit verbundenen Abkühlung wieder endete.

Die klimatisch günstigen Bedingungen waren jedoch nicht die einzigen Faktoren,
die den rasanten Bevölkerungsanstieg und die damit verbundene gesellschaftliche
Entwicklung förderten. Auch der technische Fortschritt in der Landwirtschaft spielte
eine entscheidende Rolle. Hierzu zählen sowohl die Erfindung und Nutzung prak-
tischer Mechanismen, wie z.B. das Kummet für Zugpferde (*), als auch Fortschritte
in der Bodenbearbeitung und der Weiterverarbeitung von Getreide. Diese Entwicklungen ermöglichten es überhaupt erst, die schnell wachsende Bevölkerung ausreichend mit Nahrung zu versorgen. Es wird angenommen, dass sich die Bevölkerung in Europa zwischen 1100 und 1300 nahezu **verdreifacht** hat.

In diesem Zusammenhang kam es, wie bereits erwähnt, zu einer Wechselwirkung
zwischen dem Bevölkerungswachstum und der Erschließung neuen Ackerlandes:
Mit der wachsenden Bevölkerung ging eine Ausweitung der Siedlungsgebiete ein-
her, wobei große Waldflächen, wie zum Beispiel im Zuge der Deutschen Ost-
siedlung, in Ackerland umgewandelt wurden. Zahlreiche neue Städte entstanden

(*) Das Kummet als (Pferde-)Geschirr erreichte Europa erst um 1000 n. Chr. Obwohl es einen wichtigen
    Fortschritt für die Landwirtschaft bedeutete, die gesamte Zugkraft der kräftigeren Pferde vor dem
    Pflug einsetzen zu können, setzte sich dies zunächst nur sehr zögerlich gegen die Zugochsen durch.

als Zentren für Handel und Handwerk. Auch zuvor als unwirtlich geltende Gebiete wurden urbar gemacht, wie etwa die Sumpfgebiete bei Walkenried, wo die Zisterzienser ein weitläufiges Klosterimperium entwickelten.

Zusammenfassend lässt sich festhalten (siehe auch PAGES 2 k, 2013), dass, durch eine seit 2010 zunehmend verbesserte regionalen Abdeckung, die nord-hemisphärischen Temperaturen genauer eingeordnet werden konnten. Im Jahr 2013 kam der AR5-Bericht des IPCC zu dem Schluss, dass es **regionale und zeitlich uneinheitliche mittelalterliche Klimaanomalien** gab, die in einigen Gebieten tatsächlich ähnlich warm bzw. sogar wärmer gewesen sein könnten als im 20. Jahrhundert.

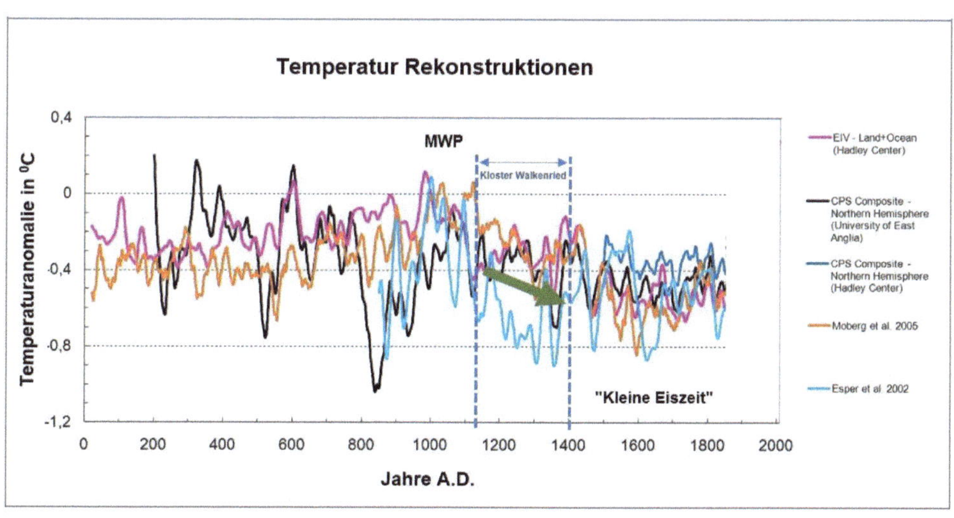

Abb. 17: Temperatur-Rekonstruktion der letzten 2000 Jahre. Erstellt in Anlehnung an Abbildung 3 in "Michael E. Mann et al (2008): Proxy-based reconstructions of hemispheric and global surface Temperature variations over the past two millennia. Proceedings of the National Academy of Sciences Vol. 105, No. 36, pp. 13252-13257, September 9, 2008 doi:10.1073/pnas. 0805721105". Siehe vor allem auch „Esper, J, Cook, E., R. & Schweingruber, F., H. (2002): *Low-Frequency Signals in Long Tree-Ring Chronologies for Reconstructing Past Temperature Variability*. Science 295, 2250. DOI: 10.1126/science.1066208", blaue Linie

Der Abstieg des Klosters beginnt … Witterungs-Extrema als Katalysatoren

Die Wetter-, Klima- und damit auch die gesellschaftlich-wirtschaftlichen Probleme des Klosters begannen vermutlich bereits zu Beginn des 14. Jahrhunderts. BEHRINGER (2022) beschreibt, wie der sogenannte „Große Hunger" von 1315 bis 1322 die Menschen heimsuchte. Diese von ihm als Plage bezeichnete Phase wurde massgeblich durch abnorme Witterungsverhältnisse verursacht: Lange und kalte Winter verkürzten die Vegetationsperiode, und anhaltender Regen schädigte die Ernten. Andererseits gibt es Extrema mit ungewöhnlicher Wärme: Kaiser Heinrich VII erlag auf dem Rückzug von seinem Ilalienfeldzug 1313 der grossen Hitze (DEMANDT 2011, S. 113).

FRANKOPAN (2023) schreibt: „Kein Wunder, dass gesellschaftliche Unruhen (zum Ende der MWP) an der Tagesordnung waren. Die Auswirkungen zeigten sich besonders zu Beginn des 14. Jahrhunderts in einer Phase rascher klimatischer Umschwünge. Rekonstruktionen belegen, dass die Sommer der Jahre 1302 bis 1307 besonders trocken waren, begleitet von zahlreichen Stadtbränden in Europa. Zu dieser Zeit ergriff man Maßnahmen, um künftigen Risiken vorzubeugen; so kaufte zum Beispiel die Stadt Siena den Hafen Talamone, um die Versorgung mit Lebensmitteln zu gewährleisten, und andere Städte investierten in eine robustere Infrastruktur wie neue und tiefere Brunnen (BAUCH 2020). Dennoch erlebte der Kontinent im darauffolgenden Jahrzehnt so viele Schwierigkeiten, dass Historiker von der „vermutlich schlimmsten Agrar- und Ernährungskrise Nord- und Mitteleuropas in den vergangenen zwei Jahrtausenden" sprachen. Wie so oft war das Problem nicht ein einzelner Ernteausfall, sondern eine Reihe aufeinanderfolgender Missernten. In den Jahren 1315, 1316 und 1317 ließen sintflutartige Regenfälle die Getreideernte auf 40, 60 beziehungsweise 10 Prozent der sonst üblichen Mengen sinken (SLAVIN 2021). Es war so kalt, dass in Norditalien der Wein in den Fässern gefror, Brunnen und Quellen vereisten und viele Bäume erfroren, wie Chronisten berichten. In der Folge, und vermutlich auch aufgrund des erhöhten Verbrauchs von Feuerholz, stieg der Preis für Holz stark an (CAMUFFO 1987]. Historiker schätzen, dass 10 bis 15 Prozent der europäischen Bevölkerung in diesen Jahren an Hunger und damit verbundenen Erkrankungen starben, und kommen zu dem Schluss, dass es „gemessen an der relativen Sterblichkeit die schwerste Ernährungskrise der europäischen Geschichte" war (CAMPBELL 2010). Diese Erschütterungen führten in vielen Teilen Nordeuropas zu Unruhen. In Frankreich rotteten sich im Jahr 1320 Horden von Männern, Frauen und Kindern zusammen, um Burgen, königliche Beamte, Priester und Leprakranke anzugreifen und schliesslich vor allem im Languedoc Juden zu verfolgen. Der Antisemitismus hatte in Europa bereits eine lange Geschichte und brach sich etwa während des ersten Kreuzzugs Mitte der 1090er Jahre Bahn, als Kreuzfahrer auf dem Weg nach Konstantinopel und Jerusalem in Köln und Nürnberg wüteten (FRANKOPAN 2017). Auch diesmal wurden Juden angegriffen, weil man in ihnen die Schuld für das Elend gab oder weil man sie für reich und wehrlos hielt. Die Pogrome der frühen 1320er Jahre folgten einem Muster: Wenn die Vegetationsperiode im vorangegangenen Fünfjahreszeitraum ungewöhnlich kühl ausfiel, stieg die Wahrscheinlichkeit gewalttätiger Übergriffe um ein bis 1,5 Prozent. Mit anderen Worten, je schlechter die Witterung, umso eher wurden Minderheiten Ziel von Angriffen.

Diese Jahre markieren für viele Autoren tatsächlich das Ende der Mittelalterlichen Warmzeit (siehe Abb. 15). BAUCH (2020) nennt diese Zeit die „Dante-Anomalie". Der Dichter Dante Alighieri erlebte in seinen letzten Lebensjahren diese Schreckenszeit mit Missernten, Hungersnöten und Massensterben in Oberitalien und schildert sie eindrucksvoll in der „Göttlichen Komödie".

Bereits der kühle und nasse Sommer des Jahres 1310 führte auch in Deutschland zu Missernten und einer Teuerung. Trauben reiften nicht, die Neiße trat im Juli über die Ufer. Auch die Jahre 1311 bis 1314 waren kühl und feucht, was in Missernten, Hunger und Tod resultierte. 1315 fiel von Mai bis Herbst außergewöhnlich viel Regen, was eine miserable Ernte nach sich zog. Schätzungsweise jeder Zehnte zwischen Alpen und Nordsee verhungerte. 1317 auf 1318 war ein ausgeprägter Kältewinter, der sogar noch Ende Juni 1318 Schnee in Köln brachte. Auch 1321 war nass, und die Ernten um Braunschweig und Würzburg fielen schlecht aus – es ist wahrscheinlich, dass die Bedingungen im Südharz ähnlich waren. Unruhen flammten immer wieder auf. Der Winter 1323/24 war über zehn Wochen hinweg so kalt, dass Menschen von Pommern über die gefrorene Ostsee nach Dänemark reisen konnten. Auf dem Eis wurden sogar Wirtshäuser errichtet.

Die Dante-Anomalie, die in eine Phase verminderter Sonnenfleckenaktivität fällt, (siehe Abb. 14) markierte jedoch noch lange nicht das Ende dieser düsteren Zeit. Bereits zuvor, in den Jahren 1302-1304, kam es zu einer mehrjährigen Dürre (siehe oben), die zunächst den Mittelmeerraum, dann 1304-1306 auch das Gebiet nördlich der Alpen erfasste, mit extrem heißen und trockenen Sommern, die für das 13. und 14. Jahrhundert außergewöhnlich waren.
Berichte aus Schottland, England und Irland lassen vermuten, dass der ´Umbruch´ des Klimas im näheren Bereich zum Atlantik bereits früher einsetzte als in Kontinental-Europa. FRANKOPAN (2023) schreibt: Dort „zeichnet (sich) das Bild einer schwierigen und unberechenbaren Lage; in der zweiten Hälfte des 13. Jahrhunderts kam es wiederholt zu Missernten und Hungersnöten. Ein Bericht vermerkt „schlechte Erträge der Erde, schlechten Fang aus dem Meer sowie Turbulenzen in der Luft, an denen viele Menschen krank wurden und starben". Viele andere Quellen dokumentieren die Herausforderungen durch Stürme, Insektenplagen, Dauerregen und Kälte (ORAM 2015). Erhaltene Wirtschaftsdaten vermitteln einen

Eindruck vom Ausmaß der wirtschaftlichen Folgen in dieser Phase: Der Umsatz internationaler Messen wie denen von St. Giles in Winchester und St. Ives brach zwischen 1285 und den 1340er Jahren um 75 Prozent ein, der Überseehandel stürzte ab, und die Pachterträge in der Londoner Cheapside halbierten sich während der ersten drei Jahrzehnte des 14. Jahrhunderts (CAMPBELL 2018). Dazu kam eine Epidemie der Schafräude, die 1279 die englische Wollproduktion halbierte und Regionen unter Druck setzte, die für ihre Produktion hochwertige Wolle benötigten –zum Beispiel Flandern, wo in der Folge Unruhen ausbrachen. Es wird vermutet, dass die Ausbreitung der Räude (die durch den Kot der Milbe Psoroptes ovis übertragen wird und eine schwere Hautkrankheit hervorruft) sowie harte Winter, verregnete Sommer und Missernten im Schottland der 1290er Jahre den Zorn gegen König Eduard I. von England schürten, vor allem als dessen Kanzler Hugh de Cressingham 1296/ 97 die Steuern erhöhen wollte. Der Unmut gegen die Engländer entlud sich in den von William Wallace angeführten Revolten, die weite Teile des folgenden Jahrzehnts bestimmten" (ORAM 2015).

War dies eine Art „Klimaschaukel" zwischen Extremen, die den Übergang vom Mittelalterlichen Optimum zur Kleinen Eiszeit prägte?

Vor ziemlich genau 700 Jahren trafen diese extremen Witterungsbedingungen eine ahnungslose Bevölkerung. Hungerkatastrophen und Kriege um schwindende Ressourcen führten schliesslich zu einer demografischen Katastrophe, deren Opferzahl (im Verhältnis zur Gesamtbevölkerung) die der Moderne sogar übertrifft. Für Walkenried sind uns keine genauen Zahlen über die Lebensverhältnisse bekannt, aber die dokumentierten Daten aus anderen Regionen sind zumindest grössenordnungsmäßig übertragbar: In England sank etwa der Ertrag an Weizen und Hafer auf rund 60 Prozent der früheren Ernte. Entsprechend schossen die Preise in die Höhe, und im Winter 1315/16 stieg der Weizenpreis in Antwerpen um nicht weniger als 320 Prozent.

Eine ähnliche Entwicklung nahm, zumindest in England, das Salz, ein wichtiger Konservierungsstoff. Weil es nicht mehr durch Verdunstung aus Meerwasser gewonnen werden konnte, vervierfachte sich der Preis. In Deutschland, mit seinen Salzlagerstätten bei Lüneburg, war die Situation möglicherweise weniger drastisch, doch auch hier stiegen die Preise für Wein – ein wichtigeres Getränk als das oft ungenießbare Wasser – in astronomische Höhen, weil die Trauben im Dauerregen verfaulten oder gar nicht erst reiften.

Mangel und Preisexplosion trafen eine seit 1100 (dem Zeitraum der Klostergründung in Walkenried) stark angewachsene Bevölkerung. Um sie zu ernähren, waren auch schlechte Böden unter den Pflug genommen worden, und die Erträge reichten gerade aus, um den Hunger in Grenzen zu halten. Man kann davon ausgehen, dass 2300 Kalorien pro Tag das Minimum für einen körperlich arbeitenden Menschen sind. So viel Brot (und in geringerem Umfang Obst, Gemüse, Fleisch) stand auch im 13. Jahrhundert nur wenigen Menschen regelmäßig zur Verfügung. Mit dem Beginn der Kleinen Eiszeit weitete sich die endemische Hungerkrise rasch zur Katastrophe aus, verschärft durch Extremwetterereignisse wie die Magdalenenflut im Jahr 1342.

GERSTE (2018) zitiert aus einer Thüringer Chronik (Thüringen liegt in unmittelbarer Nachbarschaft zu Walkenried), in der berichtet wird, wie „unzählige tote Körper auf den Straßen, in den Städten und Dörfern lagen, und fünf große Gruben wurden vor den Toren der Stadt (Erfurt) ausgehoben, in welche man täglich zahlreiche Kadaver warf". Auf den Hunger folgten Krankheiten. Die Rinderpest dezimierte den ohnehin geringen Nutztierbestand, was die Milchproduktion weiter beeinträchtigte. Vergiftungen durch den Konsum verdorbener Lebensmittel traten hinzu.

Zur dieser Rinderpest in Europa schreibt FRANKOPAN (2023): „Tatsächlich waren im ersten Jahrzehnte des 14. Jahrhunderts die Missernten und ihre Folgen nicht einmal das bedeutendste ökologische und epidemiologische Ereignis. Noch schlimmer war die Rinderpest, die vermutlich aus dem Fernen Osten kam und sich aufgrund der grösseren Vernetzung weiter Teile Eurasiens unter der Herrschaft der Mongolen ausbreiten konnte.“

Ab 1315 wütete eine Seuche in Mitteleuropa, die in den folgenden fünf Jahren die Viehbestände in Deutschland, Frankreich, den Niederlanden und Dänemark erheblich dezimierte. 1319 erreichte sie schließlich die Britischen Inseln, wo in England und Wales fast zwei Drittel aller Rinder verendeten. Während einige Regionen von einem vollständigen Verlust der Herden betroffen waren, blieben andere weitgehend verschont. Für ländliche Gemeinden, die bereits unter den vorangegangenen Missernten litten, war dieser Verlust verheerend. Auch die langfristigen Auswirkungen waren gravierend: Rinder, insbesondere Ochsen, waren essenziell für landwirtschaftliche Arbeiten wie das Pflügen, und ihr Ausfall führte entweder zu geringeren Erträgen oder zu einem erhöhten Bedarf an menschlicher Arbeitskraft, um die Produktion aufrechtzuerhalten. Ob die Seuche auf Milzbrand, Maul- und Klauenseuche oder Rinderpest zurückzuführen ist, bleibt unklar. Sicher ist jedoch, dass die Kälte der 1310er Jahre und die schlechte Versorgungslage die Tiere anfälliger für Krankheiten machte – insbesondere Kühe, deren Immunsystem während der neunmonatigen Schwangerschaft oder Laktation geschwächt war (SLAVIN 2021).

Mitte der 1320er Jahre stabilisierte sich das fragile Gleichgewicht zwischen Nahrungsangebot und Bevölkerungsentwicklung vorübergehend auf einem niedrigen und immer noch eingeschränkten Niveau. Doch dieses prekäre Gleichgewicht war nicht von Dauer (siehe ´ohne Befund´-Zeitraum in Abb. 29). Die Aufgabe von unfruchtbaren Böden, der Rückgang von Handelsströmen und der Verlust von Steuerzahlern führten zu brutalen Verteilungskämpfen, die soziale Spannungen verschärften.

Nicht umsonst zählt GERSTE (2018) die Schlacht am Morgarten, in der die Schweizer Urkantone 1315 erstmals ein habsburgisches Ritterheer vernichteten (was zur Gründung der Schweiz führte), zu den politischen Folgen des Klimawandels. Das Interesse der lokalen Eliten, den Hartkäsehandel über den Gotthard nach Mailand zu sichern, kollidierte mit den Bestrebungen der Habsburger, ihr Herrschaftsgebiet zu erweitern.

Überhaupt ist das späte Mittelalter „eine Epoche der Rebellionen, weit mehr als die Moderne: Ab 1300 zieht sich eine ganze Kette von Aufständen quer durch Europa … eine Entwicklung, die nicht nur gesellschaftliche Ursachen hat, sondern auch durch *die übergreifende Krise des Klimawandels* befeuert wird" (PANTLE 2024).

Extremereignisse sind Einzelereignisse. Dennoch können sie tiefgreifender in das Leben eingreifen als viele langfristige Wetterveränderungen zusammen. Sie erscheinen aus heutiger Sicht schlimm, aber nicht unvorstellbar. Allerdings waren sie quasi ´unvorstellbar´. Wir unterschätzen oft die nachhaltige Wirkung, die sogenannte Jahrtausendfluten oder Jahrtausendwinter auf die damaligen Lebensbedingungen hatten. Ein Starkregen, wie er heute noch immer (aber weniger existenziell) viele Menschen treffen kann, war auch damals ein *vorübergehendes* Ereignis. Aber seine ***Wirkung*** zog sich damals oft über Jahrzehnte durch das Leben der Menschen. Zerstörte Äcker und Siedlungen wurden damals nicht mit ´Fördermitteln´ in wenigen Jahren wieder aufgebaut – stark erodierte Flächen waren unwiderruflich zerstört und fielen jahrzehntelang für die Nahrungsversorgung fast vollständig aus.

Der heute oft inflationär verwendete Begriff der Nachhaltigkeit hatte im 14. Jahrhundert eine andere, handfestere Bedeutung. Die Zyklen des Aufbaus nahmen im Mittelalter weit längere Phasen ein als die der Zerstörung, die oft plötzlich und kurzzeitig auftraten, aber extrem lange Zeiträume des Wiederaufbaus nach sich zogen. Eine Jahrtausendflut dauerte im Juli 1342 nur sieben Tage (19.-25.7.1342) an, doch ihre Folgen waren noch mindestens 100 Jahre später spürbar. Die Magdalenenflut ließ Land im wahrsten Sinne des Wortes verschwinden.

Ein bedeutender Erkenntnisbaustein für die Betrachtung der Klosterlandschaft im Südharz rund um Walkenried liegt zufällig nur etwa 25 Kilometer entfernt. Dort wurde 1979 eine bodenkundliche Untersuchung von Hans-Rudolf Bork, Holger Hensel und Brunk Meyer in einer aufgelassenen Lehmgrube bei Rüdershausen, östlich von Göttingen, durchgeführt. Diese Grube, weniger als 25 Kilometer Luftlinie von Walkenried entfernt, enthält eindeutige Spuren des Flutereignisses von Juli 1342. Die Untersuchung ergab, dass die Folgen dieses sogenannten „Jahrhundertereignisses" bis in eine Tiefe von über 12 Metern reichen. In dieser Tiefe fanden sich tonnenschwere Löss-Blöcke und kleinere Fragmente aus dem Boden einer Parabraunerde, die einst an der Oberfläche lag. Die Forscher interpretierten diese Funde so, dass der enorme Abfluss eines einzigen Starkregens, der nach der Ernte der Kulturpflanzen auftrat, mehr als zehn Meter tiefe Schluchten mit fast senkrechten Wänden in den Lössboden riss. Kurz nach dem verheerenden Starkregen brachen die instabilen Wände der Schluchten zusammen, und sowohl große als auch kleine Löss- und Bodenblöcke stürzten in die entstandenen Schluchten.

Im Untereichsfeld, also in unmittelbarer Nähe zu Walkenried, gibt es weitere spätmittelalterliche Schluchten, die ebenfalls auf dasselbe Extremereignis zurückzuführen sind. An der Dorfwüstung Drudenvenshusen bei Landolfshausen konnte erstmals eine präzise zeitliche Einordnung des sogenannten „Schluchtenreißens"

vorgenommen werden. STEPHAN (2013) datierte eine größere Menge an Keramik-
fragmenten, die am Grund einer solchen Schlucht gefunden wurden, auf die Zeit
zwischen 1310 und 1340 n. Chr. Ein außergewöhnlich starkes Abflussereignis ließ
auch die 12 Meter tiefe Wolfsschlucht am Nordrand der Märkischen Schweiz
(Brandenburg) nach Radiokohlenstoffdatierungen um 1340/50 entstehen. In der
Dorfwüstung Winnefeld (Solling, Niedersachsen) führte ein extremes Abflussereignis
ebenfalls in diesem Zeitraum zur Entstehung einer Schlucht und zur Zerstörung von
Gebäuden entlang des Reiherbachs. Ähnliche Hinweise auf dieses aussergewöhn-
liche Wetterereignis finden sich auch am Belauer See in Schleswig-Holstein, in
Mittelhessen, Südwestdeutschland, Oberfranken und in einem Eifelmaar.

Dieses außergewöhnliche Abflussereignis um die Mitte des 14. Jahrhunderts verursachte an einigen Standorten ***bis zur <u>Hälfte der gesamten Erosion der vergangenen 1.500 Jahre</u> und könnte sogar das <u>stärkste Erosionsereignis der gesamten Nacheiszeit</u> gewesen sein***. Die massiven Erosionen veränderten die Landschaften Deutschlands zwischen Eider und Donau erheblich. In den Mittelgebirgen,
wo die Vegetation durch Abholzungen stark reduziert war, erodierte der dünne,
fruchtbare Oberboden, und darunter liegende Steine kamen an die Oberfläche.

Nochmals betont sei: Es handelte sich um ein gewaltiges Wetterereignis, das alle
anderen in Bezug auf die Anzahl der schriftlichen Erwähnungen, die räumliche Aus-
dehnung und das Ausmaß der beschriebenen Schäden weit übertrifft. Dieses Ereignis war tatsächlich der Starkregen und das daraus resultierende Hochwasser vom 19.
bis 25. Juli 1342, bekannt als die Magdalenenflut.

Die extremen Niederschläge trafen auf Landschaften, die aufgrund von Rodungen oft
nicht mehr durch Vegetation geschützt waren und deren Böden vielfach ausgelaugt
waren. Feuchte Luftmassen, die vermutlich aus dem sehr warmen Mittelmeerraum

stammten und östlich an den Alpen vorbeizogen, erreichten am 19. Juli Franken und Thüringen. Die Front zog weiter nach Nordwesten und erreichte am 22. Juli die deutsche Nordseeküste.

Meteorologen bezeichnen diese Tiefdruckbahn als Vb-Zugbahn. Solche Tiefdruckgebiete, die vom Mittelmeer über Österreich und Tschechien nach Deutschland ziehen, verursachen bis heute immer wieder extreme Überschwemmungen an Elbe, Oder, Donau und Rhein. Die Abflussmengen des Juli 1342 übertrafen jedoch die der Oderflut 1997 und der Elbefluten 2002 und 2015 um das *Dreißig- bis Hundertfache*. Die verheerenden Auswirkungen dieses extremen Abflusses auf die intensiv genutzten landwirtschaftlichen Flächen Mitteleuropas sind direkt auf diese außergewöhnliche Niederschlagsfront zurückzuführen.

In weiten Teilen Deutschlands ***endete*** die landwirtschaftliche Nutzung oftmals für viele Jahre. Die negativen Auswirkungen auf das allgemeine Leben, auch auf jenes des Klosters Walkenried, waren ***in der Praxis*** weit grösser, als es die bisherigen Darstellungen wiedergeben. Es war für die Gesellschaft erheblich schlimmer und ganz gewiss auch für das Kloster prägender (sowie vor allem nachhaltiger wirkend) als wir bzw. die Quellen bisher glauben … die damalige vorindustrielle Zeit war mit grosser Wahrscheinlichkeit weit, weit empfindlicher als wir heute annehmen wollen.

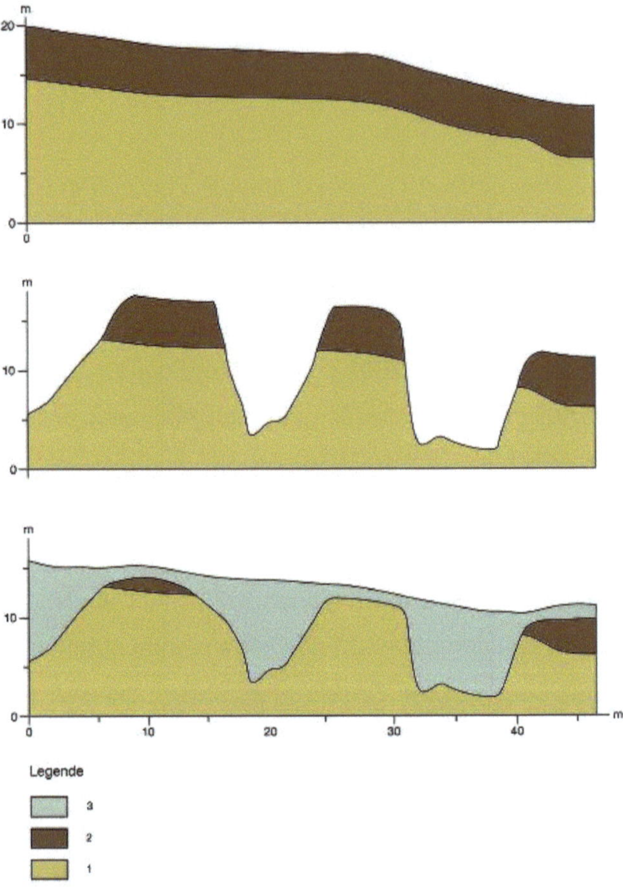

Abb. 18 : Im Juli 1342 reißen bei Rüdershausen (Untereichsfeld) drei Schluchten mehr als 10 m tief ein. Danach stürzen sie zusammen. Bis in die frühe Neuzeit füllten sie sich vollständig mit Sedimenten (aus BORK 2020).

1   in der letzten Kaltzeit abgelagerte Sedimente – im unteren Teil von der benachbarten Rhume abgelagerte Schotter und Sande, darüber hauptsächlich Löß.

2   Bänderparabraunerde – ein mächtiger Boden, der sich in der Nacheiszeit bis in das frühe Mittelalter unter Wald entwickelt hat.

3   Füllung der Schlucht – im unteren Teil Rutschmassen, die rasch nach dem Schluchtenreißen von den Schluchtwänden abbrachen; darüber vom oberhalb liegenden Hang während zahlreicher Niederschläge in die Schlucht gespültes Bodenmaterial

Schließlich trug ein genuesisches Handelsschiff 1347 noch zusätzlich zur Verschärfung der sozialen, wirtschaftlichen und demografischen Folgen bei: Es brachte das Pest-Bakterium Yersinia pestis nach Deutschland. Auf einem Kontinent, der kurz zuvor von Missernten und Flutkatastrophen heimgesucht worden war und dessen hygienische Bedingungen katastrophal waren, fand das Bakterium ideale Bedingungen vor. Im Jahr 1348 erreichte die Pest den Südwesten Deutschlands, Anfang 1349 große Teile West- und Süddeutschlands, Ende 1349 den Nordwesten und 1350 schließlich den Norden. Nur der Raum zwischen Magdeburg, Frankfurt (Oder) und dem Erzgebirge blieb weitgehend verschont. Sobald die Pest einen Ort erreichte, infizierten sich meist 60 bis 80 % der Menschen, und 75 bis 90 % der Erkrankten überlebten nicht. Etwa ein Drittel der Bevölkerung zwischen den Alpen und der Flensburger Förde fiel der Pandemie zum Opfer, was den größten Bevölkerungsrückgang seit dem 6. Jahrhundert darstellt.

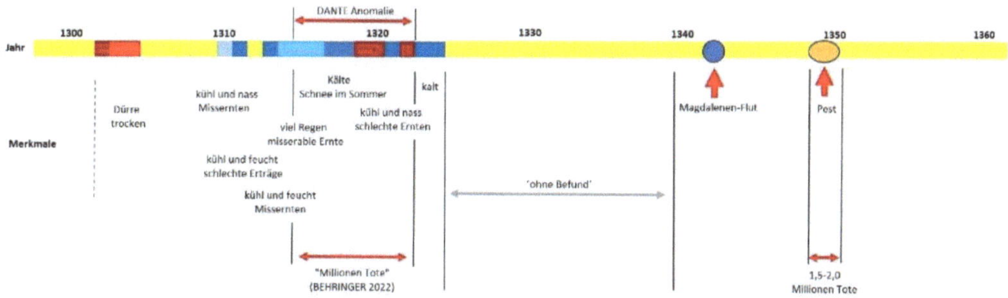

Abb. 19: Ereignisleiste des Zeitraums 1300-1350 (Zusammenstellung des Verfassers, div. Quellen). Zeitraum ´ohne Befund´ = siehe Abb. 29

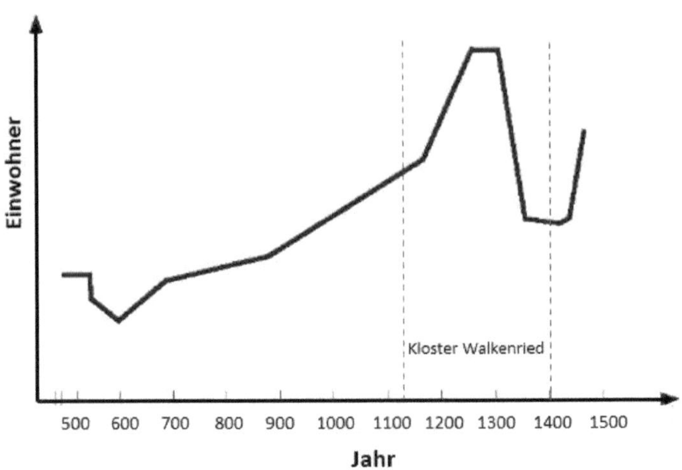

Abb. 20: Bevölkerungsentwicklung 500-1500 A.D. (GRAICHEN & WEMHOFF 2024 / BORK 2020)
Siehe für den Zeitraum 1100-1400 auch analog die Temp.Veränderungen in Abb. 1

FRANKOPAN (2023) stellt die Frage, ob die über Jahre zwischen 1310 und 1320 anhaltende Unterversorgung mit Proteinen zu einer Mangelernährung vor allem bei Jugendlichen führte, was ihre Immunsysteme schwächte und sie anfälliger für künftige Erkrankungen machte. Er geht davon aus, dass, wenn dies so gewesen sein sollte, die Witterungsbedingungen und das Krankheitsumfeld eine der Ursachen für das Massensterben durch die Pest der 1340er Jahre gewesen sein könnten. Tatsache ist, dass ab 1340 die erneute Rückkehr von ungünstiger Witterung, Missernten und Krankheit noch schlimmere Folgen hatte als zu Beginn des 14. Jahrhunderts.

BORK (2020) fasst die Ereignisse so zusammen, dass die kühl-feuchten Hungerjahre der Dante-Anomalie und insbesondere die Pestpandemie in der Mitte des 14. Jahrhunderts zu verheerenden Massensterben, zur Verwüstung ganzer Landstriche und dem Verschwinden von zehntausenden Dörfern führten. Nach 1351 kam es binnen weniger Jahrzehnte zu einer Verdreifachung (!) des Waldanteils. Besonders betroffen waren die Mittelgebirge sowie Regionen mit nährstoffarmen Böden im Norden und Nordosten. In den Jahren nach 1351 lebten zwischen Alpen und Nordsee vermutlich nur noch gut *die Hälfte der Menschen* im Vergleich zum Beginn des 14. Jahrhundert

Die Frage, was die Chroniken des Klosters Walkenried über diese prägenden Ereignisse berichten, liefert eine überraschende Antwort: So gut wie nichts! In den Aufzeichnungen finden sich nur unbedeutende Hinweise auf eine Zeit, die dennoch als „seculum lucrosum", ein „profitables Jahrhundert", für das Kloster gilt. Einzig in der Zeittafel für das Jahr 1345 gibt es einen kleinen Hinweis auf mögliche Schwierigkeiten: Die Grangie Immedeshusen wird verkauft und 1380 zurückerworben. Dies könnte auf finanzielle Probleme des Klosters hindeuten, denn Verkäufe waren selten und ungern vorgenommen. Immingerode, wie der Ort heute heißt, liegt in einem Gebiet, das stark vom „Schluchtenreißen" betroffen war. Der Verlust an landwirtschaftlicher Nutzfläche könnte ein Grund für den Verkauf gewesen sein – ohne Ertrag kein Interesse seitens des Klosters.

HEUTGER (2007, S. 105) überrascht die sich verschlechternde Lage im 14. Jahrhundert in dem er vermerkt: „Die ständige Expansion (des Klosters) ebbt um 1350 plötzlich ab". Er führt dies auf den Rückgang der nur für Gotteslohn arbeitenden Konversen und die Umstellung auf teure Lohnarbeiter zurück, was den Überschuss erheblich reduzierte. Dabei erwähnt er nicht, dass äußere Faktoren wie Naturereignisse und Klima eine Rolle gespielt haben könnten. Ein „Rückgang der … Arbeitenden" entsteht schließlich nicht ohne Ursache.

Dass die Bevölkerungszahlen im 14. Jahrhundert, unter anderem durch die Pest und die wetterbedingten Ernteausfälle, stark zurückgingen und auch das Kloster

Walkenried davon betroffen war, bestätigt HEUTGER mit dem Hinweis: „Im Spätmittelalter litt auch Walkenried unter Laienbrüdermangel, der zu immer stärkeren
Einschränkungen der Eigenwirtschaft zwang" (HEUTGER, 2007, S. 111). Die Formulierung „immer stärkere Einschränkungen" verdeutlicht, dass dem Autor die
negative Dynamik bewusst war, auch wenn er die Ursachen nicht weiter ausführt.

Obwohl die Chroniken von Walkenried nur indirekt auf die Magdalenenflut und die
negativen Trends in Bezug auf Klima und Ernteerträge eingehen, ist die Auswirkung auf das Leben der Bevölkerung im weiteren Umfeld des Klosters (vom Eichsfeld bis Braunschweig) gut dokumentiert. Im Klosterarchiv finden sich jedoch keine
weiteren Hinweise auf außerordentliche Ereignisse, die über verwaltungstechni-
sche Angelegenheiten hinausgehen, abgesehen von einem: Im Jahr 1398, mehr
als 50 Jahre nach der Magdalenenflut, wird berichtet, dass „in der Woche nach
Reminiscere (Februar) ein Wolkenbruch über Alten Walckenrieth niederging, wodurch eine solche gewaltige Wasserflut ins Kloster kam … Es ist jedoch bei dieser
großen Wasserflut viel Vieh umgekommen und ertrunken".

Das Ende der MWP … warum ändert sich das Klima?

Erst seit Mitte des 19. Jahrhunderts können wir das Wetter nicht nur (subjektiv) füh-
len, sondern auch objektiv messen. Denn Meteorologie als ´Physik der Atmosphä-
re´ zeichnet nun u.a. Lufttemperatur, Niederschlag, Wolkenbedeckung oder Sonnen-
schein kontinuierlich (sehr gut bis ausreichend) flächendeckend auf. Obwohl 180
Jahre aus menschlicher Sicht eine längere Zeitspanne bedeuten, ist selbst eine solche Phase für viele Klimabewertungen dennoch zu kurz. Grund ist, dass Wetter
(auch) ein chaotisches System ist, in welchem erst die ***quantitativ-statistische***

Auswertung der Messdaten verständlichere „Klima"-Informationen mit langfristig erkennbaren Veränderungen ***sichtbar*** werden lässt. Anders gesagt: ´Klima´ ist nichts weiter als die Mittelwert-Statistik der Wetterdaten, (meist) grafisch darstellbar.

Was wichtig ist: Auch wenn es im Alltag der sogenannten modernen Zeit oft vergessen geht, der Begriff ´Klima´ darf erst dann als ***Veränderungsvorgang*** zulässig verwendet werden, wenn (z.B.) die Temperaturdaten mindestens einen Zeitraum von 30 Jahren zusammenfassen. Alles, was innerhalb/unterhalb einer Zeitspanne von 30 Jahren geschieht, ist und bleibt ´veränderliches Wetter´. Statistisch herausgefilterte Extrem-Einzelereignisse können jedoch in ihrer Häufigkeits- bzw. Wahrscheinlichkeitsverteilung für Bewertungen von Klimaveränderungen zusätzlich hinzugezogen werden.

Aus dem Mittelalter stehen uns nur sehr, sehr wenige ´objektive´ Daten zur Verfügung, mit denen wir einen Anschluss an unser heutiges Wissen herstellen könnten. Dennoch sind inzwischen Aussagen selbst zum 14. Jahrhundert möglich, da über sogenannte Proxies die damaligen klimatischen Verhältnisse überschlägig abgeschätzt werden können. Überschlägig und *abgeschätzt* ! Interessant sind die Extremereignisse, die auch damals grösste Aufmerksamkeit erregten und meist als Narrative relativ zuverlässig protokolliert wurden. Die reinen Lufttemperaturen Deutschlands können jedoch höchstens aus (beispielsweise) der Abfolge von Pollenprofilen abgeleitet werden. Das bleibt z.Zt. noch eine grosse Herausforderung. Es sei erwähnt, dass es methodisch möglich ist, eine Klimarekonstruktion ´an sich´ mittels der Analyse stabiler Isotope (Höhlenablagerungen) durchzuführen, wie es WALTGENBACH S. et al (2021) publiziert hat. Darstellungen/eine Übertragung zu historisch vergleichbaren Temperaturdaten sind/ist hier aber nicht erfolgt, da das Verfahren (zu) unsicher ausfällt.

Und dann gibt es noch eine Möglichkeit, welche mittels ´übergeordneter´ Daten
(deren Bezug zu den detaillierten atmosphärischen Werten der Jetztzeit bekannt ist)
Aussagen zum Klima herstellt: Die just in den letzten Jahren erforschten Wassertemperaturen (SST) des Atlantiks, die an vielen Orten rund um und innerhalb des
Ozeans auch über ´Proxies´ ermittelt wurden, reichen als Zeitreihe inzwischen sogar
zurück bis in das Jahr 900 A.D. . Wichtig ist, dass es eine direkte Abhängigkeit der
AMO (atlantic multidecadal oscillation) von den SST (sea surface temperature) des
Atlantiks gibt, denn der AMO-Index wird direkt aus den SST berechnet. Beide, SST
und AMO verlaufen verständlicherweise weitestgehend (*) parallel, und dies vor
allem in jenen Bereichen des Atlantiks, aus denen ´unser´ (Westwind-)Wetter kommt, also primär der Zone zwischen 40-60 Nord /320-340 Ost. Ein Beispiel daraus
sind die in Abb. 20 gezeigten Quadranten 55-60N/ 325-330E und 50-55N/320-325E.

Die Rolle des CO_2, das im aktuellen (postuliert *primär*) menschengemachten „global
warming" dominant sein soll, wurde bereits im Abschnitt ´Klimawandel´ angespro-
chen … es dürfte im Mittelalter für signifikantere Veränderungen der Temperaturen
aber **kein** Faktor gewesen sein: „The temperature changes in MWP (…) are dominated by solar and volcanic activities" (LIU Yang et al 2021).

Wir wissen erst seit relativ kurzer Zeit, dass man *vertrauenswürdig* aufzeigen kann,
wie diese SST (sea surface temperature) über den atlantischen Index der AMO
(atlantic multidecadal oscillation) vergleichsweise gute Korrelationen nicht nur zu

(*) Da die AMO aus den SST des GESAMTEN Bereichs des Atlantiks berechnet wird, werden auch
Zonen einbezogen, die eine geringere Korrelation aufweisen. Wichtig für Europa sind daher die
Gebiete zwischen 40-60N/320-340E, die die Temperaturen für Deutschland stärker prägen.
Siehe auch allgemeine Informationen zur AMO in Anhang 2 .

den Lufttemperaturen zulassen, sondern auch zur Wolkenbedeckung bzw. der Sonnenscheindauer in Bezug gesetzt werden können. Den Bezug zur NAO zeigen LÜDECKE, CINA, DAMMSCHNEIDER, LÜNING (2020). Hinweise gibt auch der o.a. Abschnitt bei Abb. 16.

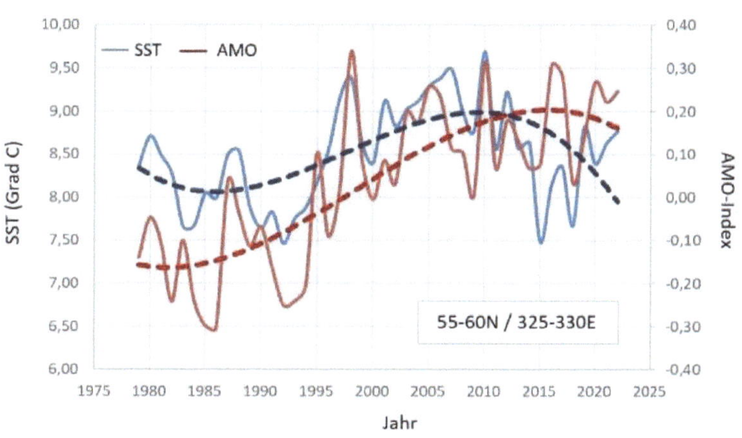

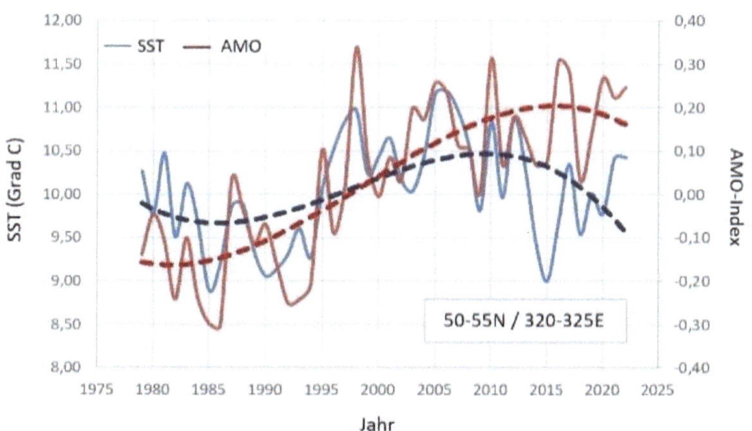

Abb. 21: SST und AMO im Bereich des Nordatlantik zwischen 55-60 Nord / 325-330 Ost und 50-55 Nord / 320-325 Ost , 1979-2023

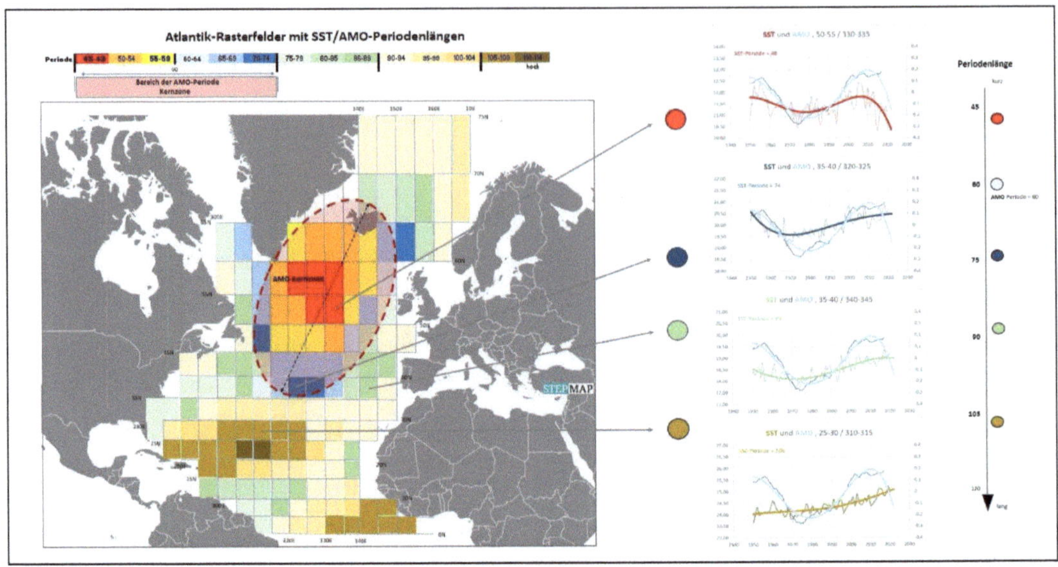

Abb. 22: Die in Abb. 21 dargestellten Felder 55-60N / 325-330E (hier im „roten" Bereich), wie das Feld 50-55N / 320-325E (hier im „orange" Bereich) befinden sich innerhalb der Kernzone der West-winddrift, die primär für den advektiven / latenten Wärmetransport von West (Atlantik) nach Ost (Deutschland) verantwortlich ist (DAMMSCHNEIDER)

Es mag also zwar etwas ungewöhnlich klingen, ist aber nach LÜDECKE et al (2020 und 2024) beweisbar, dass die Schwingung / die periodische Oszillation der AMO (also dem ± regelmässigen Anstieg und Absinken der Wassertemperaturen des Atlantiks, siehe Abb. 23) statistisch einen signifikanten Einfluss auch auf die Lufttemperaturen und die Wolkenbedeckung Walkenrieds besitzen (siehe Abb. 25).

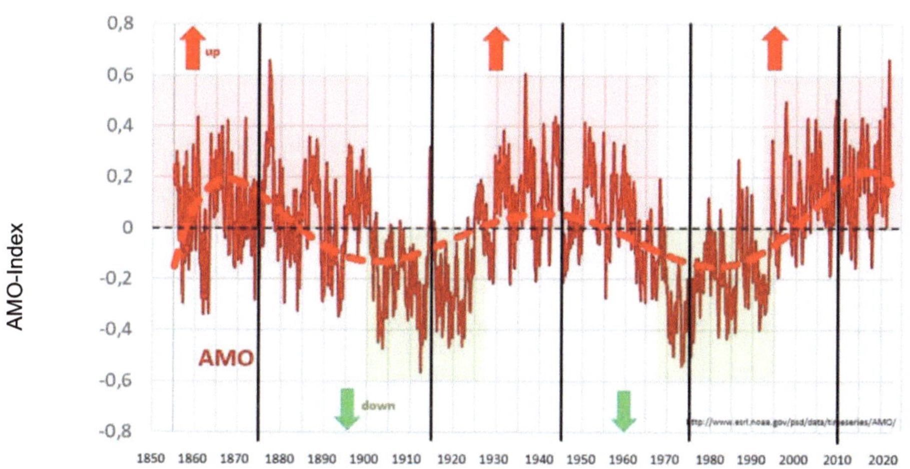

Abb. 23: Verlauf der AMO seit 1855, periodische Oszillation mit einer Periode von i.M. 60-70 Jahren

Was somit zu tun ist: Man kann sich das Mass der Veränderung der AMO an-
schauen, welches zeigt, wieviel deren Index-Veränderung (SST-Schwankung) zu
wieviel mehr (oder weniger) an Wolkenbedeckung/SSH (sunshine hours) führt. Für
die letzten 45 Jahre ist das bereits möglich (siehe LÜDECKE et al 2024). Der
nächste Schritt ist, dass man das ´AMO-Prinzip´ zurück auf das 14. Jahrhundert
projiziert.

Konkret gesagt, zeigen LÜDECKE, CINA, DAMMSCHNEIDER, LÜNING (2020) in
ihrer Arbeit auf, welchen Einfluss die AMO auf die Veränderlichkeit der Luft-
temperaturen Europas hat. LÜDECKE et al (2024) schauen dann auch auf den
Einfluss der AMO hinsichtlich der Sonnenscheindauer (SSH) in Europa.
DAMMSCHNEIDER (2023) zeigt, wie sich die Lufttemperaturen in Bezug zur
Oszillation der AMO verhalten. Alles zusammen ermöglicht es, die klimatischen

Verhältnisse zwischen 1300 und 1400 A.D., also auch der DANTE-Anomalie
(1315-1322) und der MAGDALENENFLUT (1342) besser zu charakterisieren.

Diese Charakteristik (und mehr kann es allerdings z.Zt. leider auch wiederum nicht
sein) bringt einiges an Licht in die historischen Vorgänge des Mittelalters und kann
damit einen Beitrag leisten, festzustellen, ob nicht gerade auch der ´Wandel des
Klimas´, der nach der MWP im Übergang zur Kleinen Eiszeit in Europa stattfand,
zum Niedergang des Klosters Walkenried beigetragen haben könnte.

LÜDECKE et al (2024) schreibt, dass diverse Studien Korrelationen zwischen den
europäischen SSH und dem thermischen Zustand des Nordatlantiks festgestellt
haben. In der Arbeit wird diese Hypothese gestützt, meint, dass die europäische
SSH und die AMO miteinander verbunden sind. Entsprechend den Ergebnissen
der Arbeit prognostizieren die Autoren „einen allmählichen Rückgang der SSH in
Mitteleuropa um 9-16% gegenüber dem derzeitigen Maximum in den nächsten drei
Jahrzehnten, der in den nördlichen Regionen besonders ausgeprägt ist.“

Diese Bewertung ist nicht nur brisant für den zu erwartenden zukünftigen Wir-
kungsgrad von PV-Anlagen, sondern in ihrer Übertragbarkeit auch interessant für
die Analyse der mittelalterlichen Klimaveränderungen, da sie sozusagen im Um-
kehrschluss die Aussage zulässt, dass mit einer schwachen AMO (wie sie vor
allem zwischen 1270 und 1370 zu beobachten war) eine deutliche Zunahme der
mittleren Bewölkung/eine Abnahme der Einstrahlung einhergegangen sein dürfte.

Die Abb. 24 zeigt die Verhältnisse der SSH (ersatzweise per lokal verfügbarer
ERES Sat.Daten der ´clear sky surface shortwave irradiance) im Bereich Walkenrieds zwischen 1984 und 2023 parallel zum Verlauf der AMO im gleichen Zeitraum:

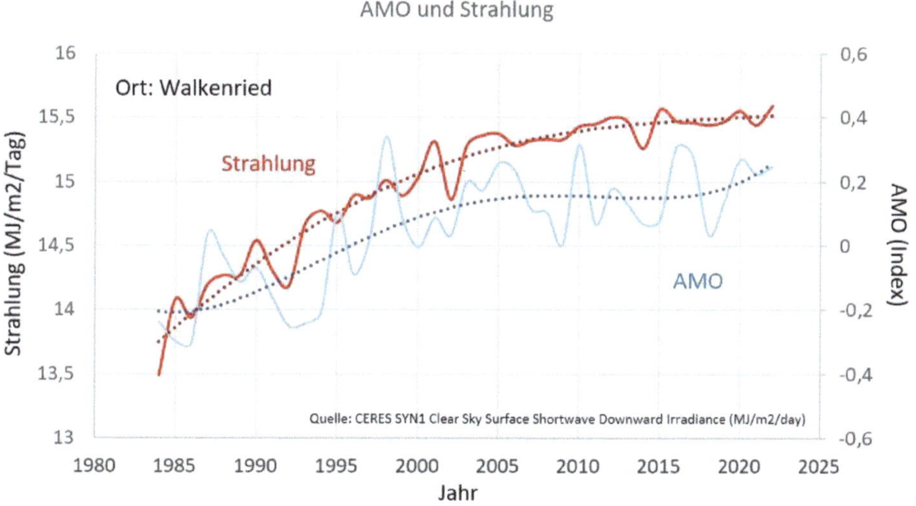

Abb. 24: AMO und Strahlung (clear sky surface shortwave) im Bereich WALKENRIED, Sat.Daten NOAA 1979-2022

Die Abbildung 25 stellt die Lufttemperaturen Walkenrieds des Zeitraums 1984-2023 im Vergleich zu den parallel aufgezeichneten Ganglinien der AMO (Nord-Atlantik) bzw. den SST (Bereich 45-65N/310-345E) dar. Der Verlauf ist analog, wobei noch zu prüfen ist, inwieweit die SST sogar eine noch bessere Korrelation zulassen als die ´allgemeine´ AMO. Erkennbar ist, und darauf kommt es in diesen Fall zunächst nur an, dass die atlantischen Wassertemperaturen offenbar tatsächlich in dem bereits erwarteten Bezug zu den europäischen und hier auch den Walkenrieder Lufttemperaturen stehen.

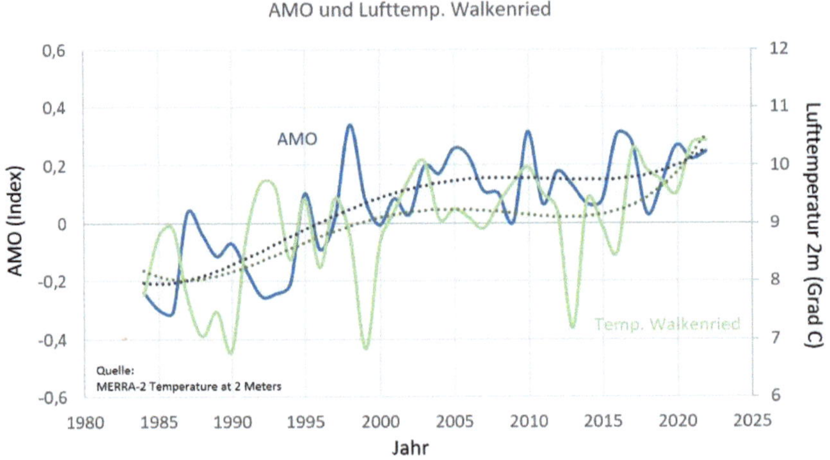

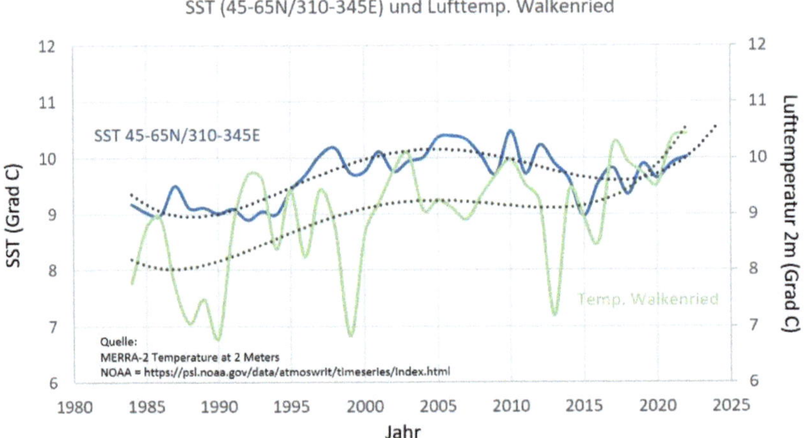

Abb. 25: **oben** = AMO und Lufttemperatur im Bereich Walkenried (2m, MERRA-2)

unten = SST 45-65N / 310-345E und Lufttemperatur im Bereich Walkenried

Aufgrund der hochauflösenden Daten aus Satellitenbeobachtungen sind also relativ genaue Werte für beliebige Ort abrufbar, auch für Walkenried (51.35N/10.37E). Die Aufzeichnung der *Sonnenscheindauer* erfolgt jedoch am Boden, und damit nur an *ausgewählten* Orten/ Messstellen (in Deutschland des DWD). In der Nähe zu Walkenried kann die Station auf dem ´Brocken´ herangezogen werden, deren winterliche Sonnenscheindauer in der Abb. 26 als Beispiel für eine enge Korrelation zur AMO aufgetragen ist.

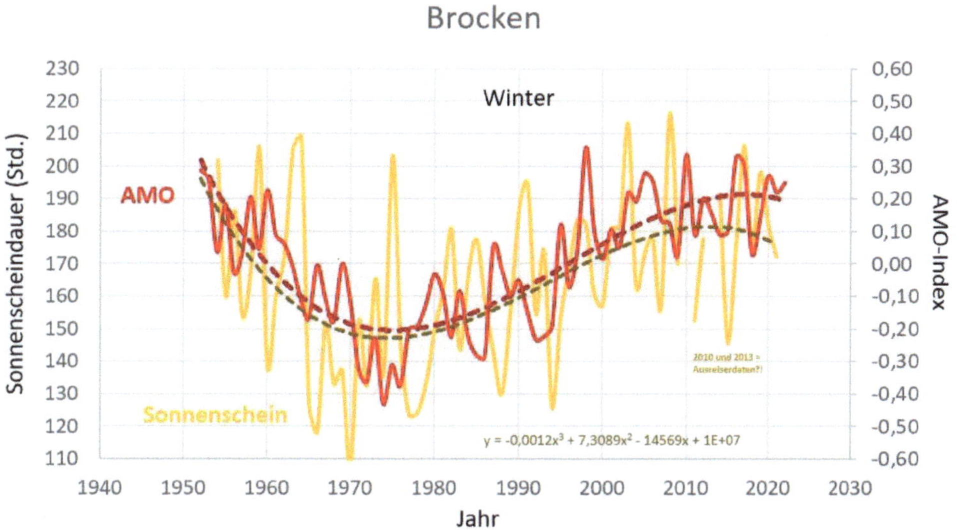

Abb. 26: AMO und Sonnenscheindauer, Station ´BROCKEN´ des DWD, Winterhalbjahre 1952-2022

Da die AMO als Index ja letztlich nicht viel anderes als die mittleren Verhältnisse der atlantischen SST zeigt und die AMOC (´Golfstrom´) für einen massiven Wärmezustrom aus den SST des südwestlichen Atlantiks sorgt, sowie auch aus der Westwinddrift per advektivem Luftstrom latente ´SST´-Energie nach Europa gebracht wird (siehe auch Anhang 3), stehen die mittleren Temperaturen Deutschlands also in relativ enger Korrelation zur AMO. Die Abb. 27 zeigt den Verlauf von AMO und Sonnenscheindauer am Beispiel der Station Potsdam: Der Bezug ist statistisch eindeutig und LÜDECKE et al (2024) schreiben, dass die verwendeten Sinuskurven der SSH- und der AMO-Reihen **_erhebliche Korrelationen_** zwischen r = 0,42-0,55 für SSH und r = 0,71 für die AMO zeigen.

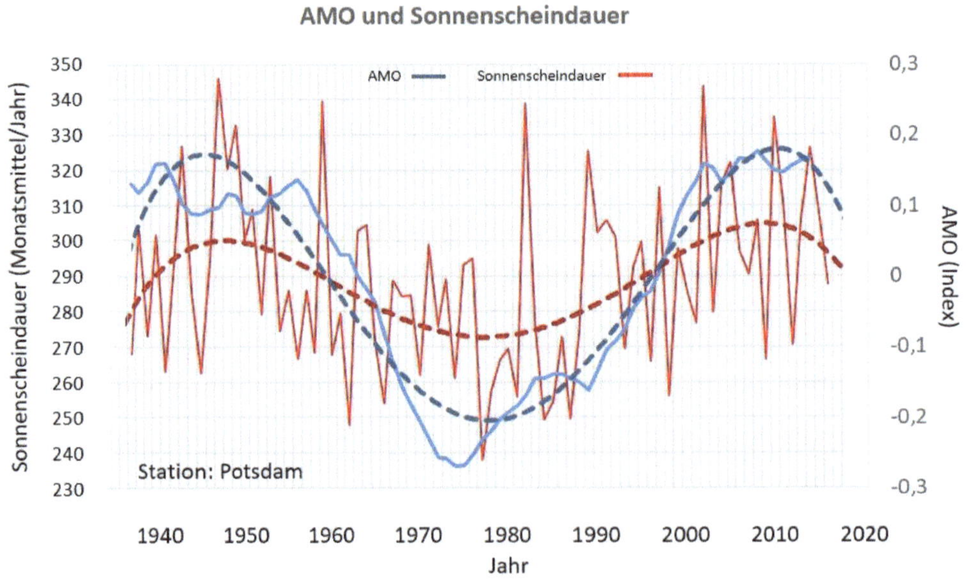

Abb. 27: AMO und Sonnenscheindauer, Station ´Potsdam´ DWD, 1930-2020

DAMMSCHNEIDER (2019 und 2023) zeigt, wie auch in LÜDECKE, CINA, DAMMSCHNEIDER, LÜNING (2020), die sehr enge Beziehung der AMO zu den Lufttemperaturen Deutschlands. Für die Jetztzeit sind die Bezüge damit relativ klar erkennbar. Zwar gibt es einige Veröffentlichungen auch zur Rekonstruktion der mittelalterlichen Temperaturen (so z.B. ESPER et al 2002), jedoch unterliegen detailliertere Einblicke in konkrete Temperaturen bestimmter Zeitabschnitte leider einer sehr grossen Streuung (siehe Abb. 4 - 6). Was man dennoch tun kann, ist, die hilfsweise Berechnung einer Art ´mittleren Temperaturkurve´ vorzunehmen, so wie es in Abb. 28 versucht wurde.

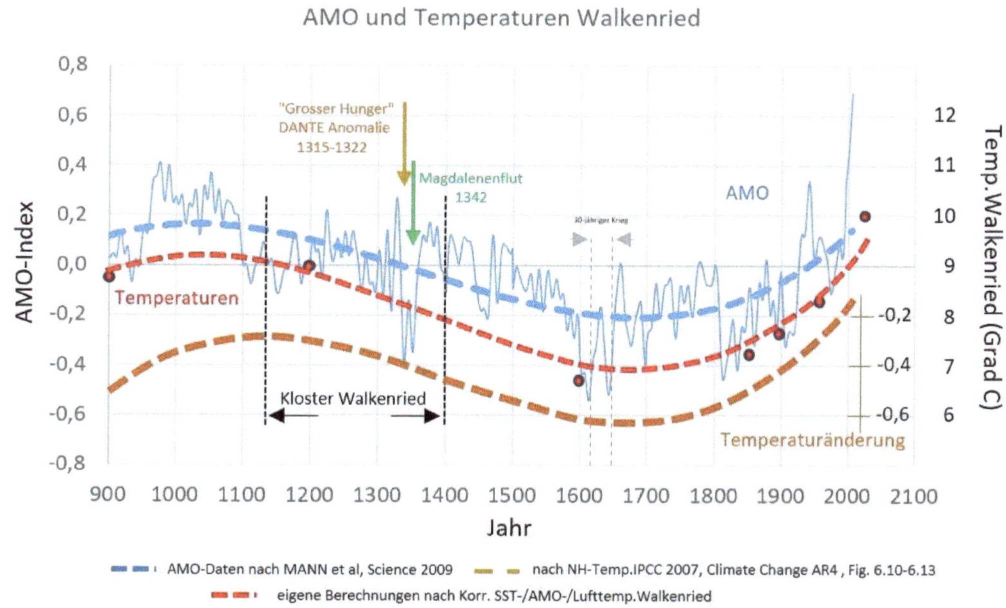

Abb. 28: AMO, Temperaturänderungen im Bereich NH und berechnete Lufttemp.Walkenried, Zeitraum 900-2020 A.D.. Siehe Lufttemperaturen u.a. Abb. 26, Daten des DWD und mittl. Angaben aus verfügbaren Veröffentlichungen. Anmerkung: Die Zyklizität der AMO besitzt unterschiedlich lange Perioden. Die kürzeste ist mit rd. 60-70 Jahren anzusetzen (siehe Abb. 23), die in der o.a. Abbildung sichtbare ´lange´ Periode könnte bei rd. 1200 Jahren liegen.

Es ist quasi logisch, dass sich auch der langfristige zeitliche Verlauf von AMO und Lufttemperaturen Europas in relativ grosser Ähnlichkeit darstellen (siehe dazu Abschnitt ´Mittelalterliche Warmzeit MWP´). Greift man den Zeitraum zwischen 1100 und 1400 n.Chr. aus Abb. 29 heraus (also die Primärzeit des Klosters Walkenried) dann wird nicht nur der langfristige thermische Effekt der AMO/der atlantischen SST auf die Lufttemperaturen Walkenrieds sichtbar, sondern es ergibt sich darüber hinaus ein interessanter Blick auf einen möglicherweise sogar partiell ´verheerenden´ Einfluss der AMO-Bedingungen auf die Wetterextreme: Dies meint nicht nur die Zeit des „Grossen Hungers" bzw. die DANTE-Anomalie (1315-1322) sondern auch (invers) die „ohne Befund"-Zeit zwischen 1322 und 1340. Zeitlich daran anschliessend kommt die Magdalenenflut 1342 mit grosser Macht. Alle drei Zeitereignisse/-phasen sind sozusagen markant hinterlegt durch eine extrem nach oben (´ohne Befund´) Phase aber vor allem auch ´nach unten´ ausschlagende AMO. Dies kann in der Tat eigentlich nicht ohne sicht- und spürbare Folgen für die Menschen stattgefunden haben … siehe hierzu auch die Abbildung 19.

Es sei an dieser Stelle nochmals auf REICHHOLF (2007) hingewiesen, der die erkennbaren klimatischen Veränderungen des 13. Jahrhunderts so einordnet, dass diese so weit nach Norden reichten, wie die Auswirkungen des „Jahrtausendsommers" von 2003, als sich das mediterrane Klima über die Alpen nach Norden ausbreitete. ***Anders als 2003 dauerte diese Wärmeperiode jedoch Jahrhunderte an***, auch wenn es kalte Jahre dazwischen gab. Insofern sollte man achtgeben: Die absoluten Temperaturen waren damals sehr ähnlich jenen der Jetztzeit, aber faktisch sogar wirksamer: Während der besonders warmen Jahrhunderte des Hochmittelalters *reiften Feigen in Köln*, und der Weinanbau breitete sich über die Elbe nach Norden aus. Soweit sind wir sogar im Jahr 2024 noch nicht, denn dies erfordert bei Feigen mindestens 4 bis 5 Monate mit Temperaturen über 20 °C … derzeit sind es in der Mitte Deutschlands (Rheinland.Pfalz/Hessen) ´nur´ 3 bis 4 Monate.

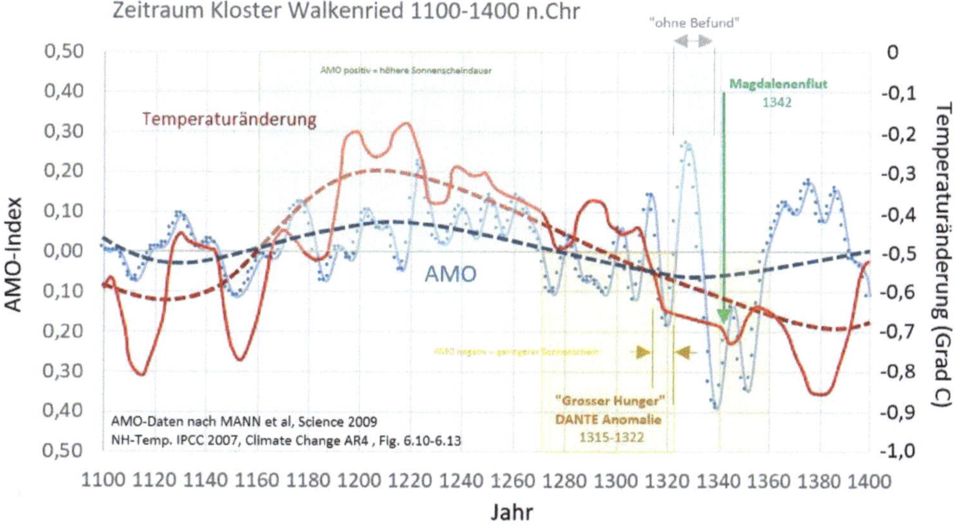

Abb. 29: Temperaturänderung und AMO im Zeitraum 1100-1400 (Ref. Kloster Walkenried) mit
´Ereignissen´. Anmerkung: Die AMO als eine Art denkbarer meteorologischer Indikator zeigt
auch gerade für die Zeit des 30-jährigen Krieges (1618-1648) bemerkenswert schwache
Zahlen … (siehe Abb. 28)

Es sprengt leider an dieser Stelle den Rahmen der Betrachtungen, wenn man über
die AMO hinaus auch auf die Verläufe und pot. Einflüsse der ENSO, von EL NINO
und der PDO eingehen würde. Es sei allerdings eindringlich auf MANN et al (2009)
verwiesen, wo sich interessante Hinweise finden, dass auch diese weit entfernten
pazifischen Vorgänge als „Telekonnektionen" Wirkung auf den Witterungs- und
Klimaverlauf Mitteleuropas gehabt haben könnten bzw. von weltweit beobacht-
baren Phänomenen betroffen waren: Sowohl NINO als auch die PDO zeigen genau zum gleichen Zeitraum, in dem sich in der AMO die o.a. Index-Ausreisser finden, ganz ähnliche Ausschläge ihrer jeweiligen Werte (siehe Abb. 30).

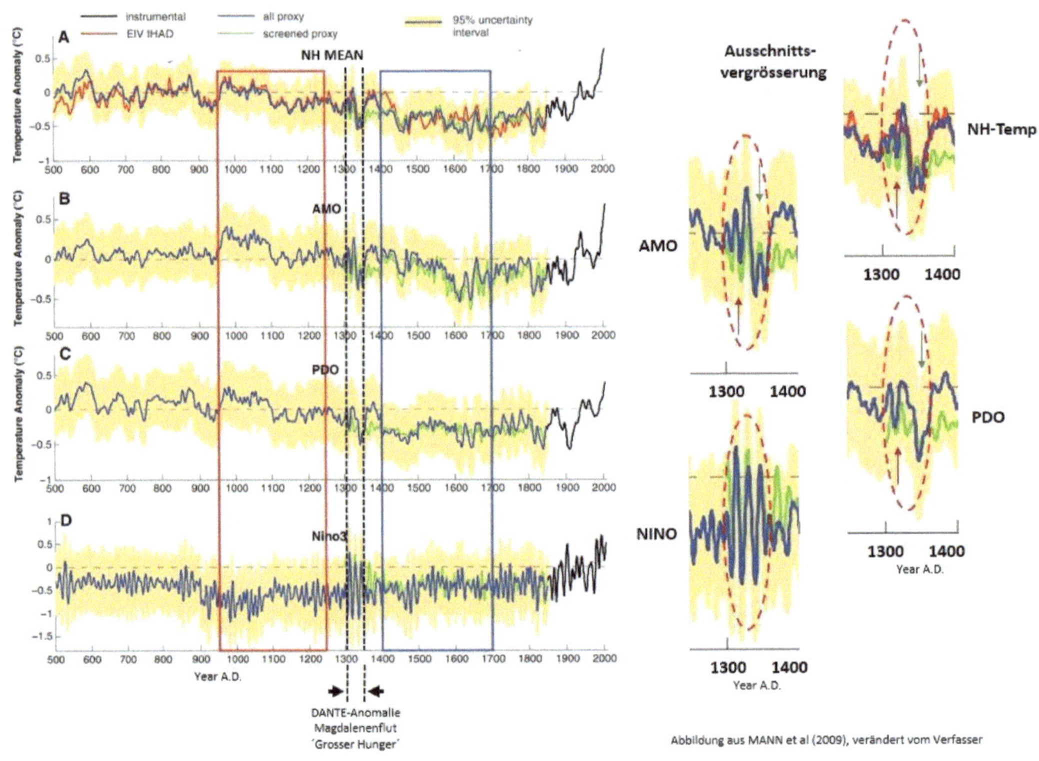

Abb. 30: NH-Temperaturen, AMO, PDO und NINO zwischen dem Jahr 500 und Heute.
Aus MANN et al (2009), verändert vom Verfasser

Das sollte Anlass sein, sich mit diesen Fernwirkungen weiter zu befassen (siehe An-hang 1 und 2). MANN et al (2009) schreiben zwar, dass ihre Rekonstruktionen re-lativ wenige eindeutige Variationsmuster aufweisen, insbesondere vor 1600 A.D. („though there are relatively few distinct patterns of variation resolved by the recon-structions, particularly before 1600 C.E.", MANN et al 2009, S. 1258), aber dies scheint mit den Bewertungen der historischen Vorgänge eventuell nun doch anders auszusehen … hier besteht, klar gesagt, Forschungsbedarf.

Last but not least: Um 1300 n. Chr. trat im Südwesten der heutigen USA ebenfalls eine markante Klimaverschlechterung auf, sodass die Bevölkerung geschlossen (!) aus dem Grenzgebiet von Arizona, Colorado, New Mexico und Utah (den »Four Corners«) nach Süden ins Tal des Rio Grande auswanderte (CLINE 2024). Dies deutet darauf hin, dass der ´Klimawandel´ zumindest auf der Nordhalbkugel nicht auf Europa beschränkt war (siehe LÜNING).

Es ist zur Zeit nicht beweisbar, aber wie meist in Bewertungen (natur-)historischer Vorgänge dann auch eine Frage der Logik, mit der man nachträglich versucht, mehr oder weniger gut dokumentierte Ereignisse einzuordnen oder sogar zu begründen. Bei der DANTE-Anomalie und der Magdalenenflut könnte man es wie folgt sehen: Der offensichtliche Umbruch des Klimas im Zuge eines langfristigen Abstiegs der AMO/der atlantischen SST führte möglicherweise zu grösseren Instabilitäten der allgemeinen Wetterlagen. Einerseits nahmen die Dürrephasen zu („Grosser Hunger"), zum weiteren wurden die Niederschläge zwar nicht mehr, aber extremer. D.h., dass eventuell der Eintritt sogenannter Jahrtausendereignisse wahrscheinlicher wurde. Die im Mittel in Europa fallenden Temperaturen, die in Verbindung zur Abnahme der Sonnenscheindauer stehen, hatten nicht nur Folgen für die Erträge der mittelalterlichen Landwirtschaft an sich, sondern zuvorderst auch für die Zugbahnen der Hoch- und Tiefdruckgebiete. Darüber hinaus wäre es denkbar, dass die Temperatur**gegensätze** in Europa, hier vor allem zwischen Mittelmeerraum und dem Gebiet nördlich der Alpen, grösser wurden, was dazu führte, dass mit sehr viel Feuchtigkeit gesättigte Mittelmeerluft als sogenannte Vb-Wetterlage nach Deutschland gelangte. In Verbindung mit der ohnehin ´angestrengten´ Lage der agrarischen Nutzungsflächen könnte dies zu extremen Folgen im Landschaftsraum geführt haben … siehe das o.a. „Schluchtenreissen".

Die Notwendigkeit der Rekonstruktion … ´Klima lokal´

Da die Meteorologie keine verlässlichen Daten vor 1850 kennt, abgesehen von kal-
kulierten Indizes wie z.B. dem in Abb. 15 dargestellten NAO-Index oder der AMO
(Abb. 28), und wir somit nur indirekte Hinweise haben, bleibt es besonders wichtig,
über ergänzende Proxys **das Klima der vorindustriellen Zeit so detailliert wie
möglich und räumlich so präzise wie notwendig zu rekonstruieren**. Die Frage
ist: **Welchen klimatischen Bedingungen** unterlagen die Menschen des Mittelalters und **wie beeinflussten sie das tägliche Leben**?

Was wir wissen wollen: Welches Klima herrschte in der Region um Walkenried, wie
stark waren die Veränderungen, und welche Auswirkungen hatte dies auf die
klösterliche Gesellschaft? Und: Gibt es Möglichkeiten, neben der o.a. übergeord-
neten Analyse, auch konkrete Daten **aus der Region um Walkenried** herum zu
ermitteln?

Die Untersuchung dieser Zusammenhänge ist nicht nur für das Verständnis von
regionalem Klima und gesellschaftlicher Entwicklung im Gebiet um das Kloster
Walkenried von Bedeutung, sondern auch für die Klärung, welche Faktoren in der
Gesamtbetrachtung eventuell unterschiedlich gewichtet werden müssen. Während
heute CO_2 als primäre Ursache für den Klimawandel gilt, könnten während der
Mittelalterlichen Warmzeit möglicherweise andere Faktoren, wie z.B. solare Einflüsse, eine größere Rolle gespielt haben (siehe oben mittelalterliche und aktuelle
Strahlungswerte im Vergleich). Anders ausgedrückt: Während des mittelalterlichen Klimaoptimums gab es kaum signifikante Veränderungen des CO_2-Gehalts
in der Atmosphäre … eine Veränderung der solaren Einstrahlung jedoch sehr
wohl. Und: Welche Rolle spielten die Wolken dabei? Dazu gibt es keinerlei Informationen.

Heute kennen wir unser Klima gut, aber wir müssen bedenken, dass diese Kenntnis nur relativ ist. Dank moderner Technik können wir viele Auswirkungen von Wetterveränderungen immerhin abmildern – denken wir nur an den Nutzen einer Klimaanlage an heißen Tagen. Diese technischen Hilfsmittel standen den Mönchen im Zeitraum von 1100 bis 1300 nicht zur Verfügung. Das bedeutet jedoch keineswegs, dass sie nicht in der Lage waren, sich auf die allgemeine Witterung einzustellen, beispielsweise durch den Bau von Gebäuden, die auch bei großer Hitze kühle Zonen boten.

Dieses Wissen war durchaus vorhanden, wie die toskanische Bauweise zeigt, die zwischen 1000 und 1300 auch in Mitteldeutschland verwendet wurde (siehe Entdeckungen während der Restaurierungsarbeiten an ostdeutschen Schlossanlagen nach 1989).

Allerdings hatte das Walkenried des 14. Jahrhunderts nicht mehr mit steigenden Temperaturen zu kämpfen, sondern eher mit dem Problem *sinkender Durchschnittstemperaturen*. Dies erforderte Anpassungen. Wurden diese zeitgerecht umgesetzt? Sind hier Defizite entstanden, die das Leben im Kloster nachhaltig negativ beeinflussten?

Diese Überlegungen verdeutlichen, dass unser Wissen über das Klima (und seine Auswirkungen) jener Epoche begrenzt ist. Oftmals spekulieren wir mehr, als dass wir wirklich belastbare Daten haben. Zwar scheint die grobe Richtung des mittelalterlichen Klimas aus Forschungsarbeiten, wie sie in den IPCC-Berichten zusammengefasst werden, bekannt zu sein, aber diese Ergebnisse stammen oft (noch) aus Regionen mit anderen klimatischen Randbedingungen als zum Beispiel im Südharz.

Dass es in der Region um Walkenried tatsächlich aber eine signifikante Klimaveränderung gab, ist wahrscheinlich … untersucht ist sie bisher nicht.

Ein kurzes Zwischenfazit: Wir haben einige Kenntnisse über die Klostergeschichte und deren historischen Kontext, und wir können davon ausgehen, dass das Klima Einfluss hatte. Aber wir wissen wenig darüber, **wie stark** diese klimatischen Veränderungen das Leben der Menschen tatsächlich beeinflussten. D.h. es ist bekannt, dass die Temperaturen ab 1300 i.M. sanken, was das fast technikfreie Leben damals zwangsläufig schwieriger machte. Es gab also eine Art „umgekehrten" Klimawandel im Vergleich zu heute. Welche Schlussfolgerungen und Folgen dies faktisch in Walkenried hatte, bleibt unklar.

Wir sollten uns bemühen, neben den urkundlich-historischen Aufzeichnungen, die meist nur oberflächlich ´Stationen´ dokumentieren, auch die dynamischen Elemente zu berücksichtigen, die damals als „gottgegeben" hingenommen wurden und deren physikalische Ursachen nicht hinterfragt wurden … das Klima, das ´mittlere Wetter´.

Heute haben wir mehr Wissen und sind in der Lage, die Verhältnisse in der Vergangenheit zumindest grob zu rekonstruieren. Wenn die Mönche vielleicht wahrnahmen, dass sich das Klima änderte und daraus irgendwann notwendigerweise Konsequenzen zogen (z.B. eine qualitative Reduzierung des Klosterlebens, sogar eine partielle Schließung des Klosters oder das komplette Ende der großräumigeren Bewirtschaftung), können wir heute rückblickend erklären, warum dies möglicherweise geschehen *musste* – auch im Zusammenhang mit den klimatischen Randbedingungen (z.B. hungerbedingte Bauernkriege, Überfälle auf das Kloster Walkenried im Jahr 1525).

Mutatio in tempestate, finis monasterii ?

Klimaaussagen basieren auf Daten, die als numerische und grafische Zeitreihen den durchschnittlichen Witterungsverlauf wiedergeben. Selbst heute kann die Abhängigkeit von Messtechnik lokal zu Problemen führen, da Temperatur und Niederschlag trotz Satellitentechnik nicht immer flächendeckend erfasst werden. Sogenannte Proxydaten können jedoch helfen, Lücken in den Daten zu schließen, auch wenn dies nicht immer zufriedenstellend ist (siehe die sogenannte Hockey-Stick-Kurve von MANN et al 1999).

Wie dünn sind also die Grundlagen für die Klimaaufzeichnungen aus weiter zurückliegenden Zeiten? Chronistenaufzeichnungen sind hilfreich, denn sie bieten zumindest punktuelle Einblicke, die grössere Zusammenhänge aufzeigen können. Quantifizierbare Aufzeichnungen sind jedoch äußerst rar bis unbekannt. Hier kommen Methoden ins Spiel, die es ermöglichen, das Klima der Vergangenheit als einflussnehmenden Faktor zumindest grob abzuschätzen.

Während die Hydrographie messbare Hochwassermarken kennt, bietet die Biologie eine andere Methode: die **Bestimmung von Temperatur- oder Niederschlagsindikatoren** anhand von Pflanzenprofilen oder der Veränderung von Chironomiden-Populationen. Wie GLASER (2008) und andere zeigen, können Pollenprofile die zeitliche Entwicklung der Vegetation dokumentieren, da „typischen" Pollen oft „typische" Standortmuster zugeordnet sind. KRAHN et al (2024) zeigen anhand von Chironomiden-Untersuchungen, dass Schwankungen in der Zusammensetzung von Zuckmückenlarven ebenfalls Hinweise auf Veränderungen der klimatischen Randbedingungen geben.

Die Verbreitung von Pflanzen/Tieren ist keineswegs zufällig, sondern unterliegt bestimmten klimatischen Randbedingungen. Eine klassische Voraussetzung für die Entwicklung ganzer Pflanzengesellschaften sind die vorherrschenden Temperaturen und Feuchtigkeitsverhältnisse. Was wir wissen wollen: Was wuchs wann in der Umgebung des Klosters Walkenried? Welches Leben war dadurch möglich, und wie veränderten sich die Bedingungen zwischen 1129 und 1400?

Wir brauchen Orte, an denen sich über die Zeit möglichst ungestört die Sukzession von Pflanzenarten/Chironomiden nachverfolgen lässt. Ein geeigneter geoökologischer Rahmen dafür könnten die seit Jahrhunderten bestehenden Teiche in der Umgebung von Walkenried sein, wie die ***Walkenrieder Teiche des Itel-Systems und die Höll-Teiche***.

Zusammenfassung

Aufstieg und ´Fall´ des Klosters Walkenried erfolgten zwischen 1130 und 1430 A.D., also in einem Zeitraum von rd. 300 Jahren. In dieser Phase der Geschichte stieg nicht nur das Kloster wahrnehmbar auf, sondern auch die mittleren Temperaturen kletterten markant nach oben: Zwischen 1130 und 1230 um rd. +0,3 ^{0}C/100 Jahre. In den nächsten 150 Jahren jedoch fielen diese angenehmen Lufttemperaturen wieder um 0,6 Grad C ab (-0,4 ^{0}C/100 Jahre).

Für die Lebensbedingungen waren natürlich nicht nur diese Temperaturen wichtig, sondern (vor allem für das Pflanzenwachstum und somit die Ernten) auch die Sonnenscheindauer. Wie die bis ins Jahr 900 A.D. rückverfolgbaren sogenannten AMO-Indexwerte zeigen, haben die mit der Westwinddrift aus dem Raum des

Atlantiks zyklisch bis Europa eindringenden latenten SST-Energiemengen einen signifikanten Einfluss auf die Wolkenbedeckung, somit auf die Sonnenscheindauer und entsprechend auf die Lufttemperaturen … nicht nur in Deutschland insgesamt, sondern natürlich auch in der Südharzer Klosterlandschaft und Walkenried selbst.

Das klösterliche Wirtschaftsleben ab 1200 mag vom Bergbau geprägt gewesen sein, die Grundlagen des ´Über´-Lebens liefert das Nahrungsangebot. Es musste nicht nur kontinuierlich, sondern vor allem auch quantitativ ausreichen, um eine zu dieser Zeit stark anwachsende Bevölkerung zu ernähren. Negative klimatische Veränderungen, wie sie offenbar ab 1300 einsetzten, hatten hier erhebliche Folgen. Auch für das Kloster Walkenried. Der sogenannte „Grosse Hunger" zwischen 1315 und 1322, wie vor allem auch die Magdalenenflut im Jahr 1342, rissen im wahrsten Sinne des Wortes die Ernährungsgrundlagen in Deutschland in erheblichem Umfang weg. Dieser sicherlich als ´Schock´ wahrgenommene Einschnitt ist jedoch für das Kloster Walkenried nicht dokumentiert. Warum? Weil dies Walkenried gar nicht betraf? Das ist eher unwahrscheinlich.

Dass das Kloster Walkenried im Verlauf des 14. Jahrhunderts einen markanten Abstieg nahm und ab 1500 A.D. sogar zunehmend marginalisiert wurde, kann aber unter Beachtung der allgemeinen klimatischen Randbedingungen (und dem damals den Naturgewalten eher machtlos ausgelieferten Agrar- und Wirtschaftssystem) dann doch nicht überraschen.

Die Kriege, die nachfolgend im 15. Jahrhundert auch Walkenried tangierten, trafen in jedem Fall auf eine tendenziell geschwächte Bevölkerung bzw. ein insgesamt vermutlich angeschlagenes Kloster. Dass der Walkenrieder Kloster-„Konzern" ab 1444 grössere Teile seiner Bergwerke samt Ländereien im und am Harz abstiess, da diese (nach z.Zt. geltender Auffassung) aufgrund der damaligen *technisch-*

bergbaulichen Restriktionen begannen *unwirtschaftlich* zu sein, mag nach den in dieser Abhandlung dargestellten Klima- und Gesellschafts-Zusammenhängen vielleicht weniger überraschen … wo keine ausreichende Lebensgrundlage für die Menschen, da auch keine klösterlichen und weltlichen Dienste?

Literatur

ABEL, Wilhelm (1967): Geschichte der deutschen Landwirtschaft vom frühen Mittelalter bis zum 19. Jahrhundert. Stuttgart 1967, S. 43–44.

BAIER, J. (1997): Die Sedimente des Jues-Sees in Herzberg am Harz.- Dipl.-Arb. Univ. Göttingen: 1-123

BAKER, A. et al (2015): A composite annual-resolution stalagmite record of North Atlantic climate over the last three millennia. In: Scientific reports 5, 2015

BAUCH, Martin, Thomas Labbé, Annabell Engel, und Patric Seifert (2020): A Prequel to the Dantean Anomaly: The Precipitation Seesaw and Droughts of 1302 to 1307 in Europe. In: Climate of the Past 16, Nr. 6, 2020: 2343–58. https://doi.org/10.5194/cp-16-2343-2020.

BAUCH, Martin, und Annabell Engel (2020): „Six Droughts between 1302 and 1306: A ‚1300s Event'?" Historical Climatology, 9. November 2020. https://www.historicalclimatology.com/projects/six-droughts-between-1302-and-1306-a-1300s-event.

BAUCH, Martin (2020): „The ‚Dantean Anomaly' Project: Tracking Rapid Climate Change in Late Medieval Europe". Historical Climatology. Zugegriffen 29. November 2020. https://www.historicalclimatology.com/projects/-the-dantean-anomaly-project-tracking-rapid-climate-change-in-late-medieval-europe#

BEHRINGER, Wolfgang (2022): Kulturgeschichte des Klimas. Von der Eiszeit bis zur globalen Erwärmung. Beck-Verlag, München

BERGDOLT, K. (1994): Der Schwarze Tod in Europa. München 1994.

BEUG, H.-J. (1992): Vegetationsgeschichtliche Untersuchungen über die Besiedlung im Unteren Eichsfeld, Landkreis Göttingen; vom frühen Neolithikum bis zum Mittelalter.- Neue Ausgrabungen und Forschungen in Nieders.20: 261-339

BLÜMEL, W.D. (2006): Klimafluktuationen – Determinanten für die Kultur- und Siedlungsgeschichte? In: Novo Acta Leopoldina. Nr. 346, 2006.

BOJANOWSKI, A. (2024): Was Sie schon immer übers Klima wissen wollten aber bisher nicht zu fragen wagten. Westend-Verlag, Berlin 2024

BORK, Hans-Rudolf (2020): Umweltgeschichte Deutschlands (S.102-111). Springer Berlin Heidelberg. Kindle-Version.

BORK, Hans-Rudolf und Bork, Helga (1987): Extreme jungholozäne hygrische Klimaschwankungen in Mitteleuropa und ihre Folgen. In: E&G – Quaternary Science Journal, 1987, 37, 1: , DOI: https://doi.org/10.23689/fidgeo-1270

BRADLEY R.S., Malcolm K. Hughes und Henry F. Diaz: Climate in Medieval Time. In: Science. Band 302, Nr. 5644, 17. Oktober 2003, S. 404–405, doi:10.1126/science.1090372

BRADLEY R.S., Heinz Wanner und Henry F. Diaz (2016): The Medieval Quiet Period. In: The Holocene. Band 26, Nr. 6, 2016, doi:10.1177/0959683615622552.

BRÁZDIL, R., Kiss, A., Řezníčková, L., Barriendos, M. (2019): "Droughts in Historical Times in Europe, as Derived from Documentary Evidence," Herget, J. and Fontana, A. (eds), *Paleaohydrology: Traces, Tracks and Trails of Extreme Events*, Cham, Springer, 2019, p. 65–96.

BULST, N. (1979): Der Schwarze Tod. In: Saeculum, 30 (1979), S. 45 – 67

CAMPBELL, B. (2016): The Great Transition: Climate, Disease and Society in the Late-Medieval World, Cambridge, Cambridge University Press, *2016*

CAMUFFO, D. (1987): Freezing of the Venetian Lagoon since the 9th century A.D. in comparision to the climate of western Europe and England. Climatic change 20, 1987

CAMUFFO, D. & ENZI, S. (1991): Locust invasions and climatic factors from the Middle Ages to 1800. In: Theoretical and applied climatology, 43, 1991

CLINE, Eric H. (2024): Nach 1177 v.Chr.: Wie Zivilisationen überleben. Herder Verlag, 2024

CROWLEY, T.J. and LOWERY, T.S. Lowery (2000): How Warm Was the Medieval Warm Period? In: AMBIO, A Journal of the Human Environment 29(1), 51-54, (1 February 2000). https://doi.org/10.1579/0044-7447-29.1.51

DAMMSCHNEIDER H.-J. (2019): Oceanic cycles and the variability of air and water temperatures in Northern-Europe. Schriftenreihe des IFHGK, Band 5, Zug 2019

DAMMSCHNEIDER H.-J. (2023) : Zeitlich-räumliche Muster der nordatlantischen SST und die Zyklizität der AMO. Schriftenreihe des IFHGK, Band 15, Zug 2023

DANTE, Alighieri. Göttliche Komödie. Übersetzt von Karl Witte. Berlin: Decker, 1865. http://mdz-nbn-resolving.de/urn:nbn:de:bvb:12-bsb10755557-1.

DEMANDT, A. (2011): Es hätte auch anders kommen können. Wendepunkte deutscher Geschichte. Berlin 2011

DIAZ, H.F. (2011): Spatial and Temporal Characteristics of Climate in Medieval Times Revisited. In: Bulletin of the American Meteorological Society. November 2011, doi:10.1175/BAMS-D-10-05003.1 (climates.com [PDF]).

DOLLE, J. (2012): Niedersächsisches Klosterbuch. Bielefeld 2012

EGU: A prequel to the Dantean Anomaly: the precipitation seesaw and droughts of 1302 to 1307 in Europe

ESPER, J, Cook, E., R. & Schweingruber, F., H. (2002): Low-Frequency Signals in Long Tree-Ring Chronologies for Reconstructing Past Temperature Variability. Science 295, 2250. DOI: 10.1126/science.1066208

ESPER, J., FRANK, D. (2009): The IPCC on a heterogeneous Medieval Warm Period. *Climatic Change* **94**, 267–273 (2009). https://doi.org/10.1007/s10584-008-9492-z

FANG, K. et al (2019): Oceanic and atmospheric modes in the Pacific and Atlantic Oceans since the Little Ice Age (LIA), towards a synthesis. In: Quaternary Science Reviews, Volume 215, 2019, Pages 293-307

FRANKOPAN, P. (2017): The first crusade/Kriegspilger. Berlin 2017

FRANKOPAN, P. (2023): Zwischen Erde und Himmel: Klima – eine Menschheitsgeschichte. Berlin 2023

GERSTE, Ronald D. (2018): Wie das Wetter Geschichte macht. Katastrophen und Klimawandel von der Antike bis heute. Stuttgart 2018, 288 S.

GOOSE, H., Rennssen, H., Timmermann, Axel, Bradley, R. S. und Mann, M. E. (2006): Using paleoclimate proxy-data to select an optimal realisation in an ensemble of simulations of the climate of the past millenium. Climate Dynamics, 27 . pp. 165-184. DOI 10.1007/s00382-006-0128-6.

GRAHAM, N.E., AMMANN, C.M., FLEITMANN, D. *et al.*(2011): Support for global climate reorganization during the "Medieval Climate Anomaly". *Clim Dyn* **37**, 1217–1245 (2011). https://doi.org/10.1007/s00382-010-0914-z

GRAICHEN, G. & WEMHOFF, M. (2024): Gründerzeit 1200, Wie das Mittelalter unsere Städte erfand. Prophyläen 2024

GRAY, L.J., et al. (2010): Solar influence on climate. In: Reviews of Geophysics 48, doi:10.1029/2009RG000282

GLASER, R. (2008): Klimageschichte Mitteleuropas. Darmstadt 2008, 2.Auflage

HAASE, Hugo (1936): Hydrologische Verhältnisse im Versickerungs-Gebiet des Südharz-Vorlandes. Diss. Georg-August-Universität Göttingen 1936

HAHN, H. (1956): Die deutschen Weinbaugebiete, Bonn 1956.

HERKING, C. (1999): Vegetationsgeschichtliche Untersuchungen zur frühen Siedlungsgeschichte im Umkreis des Jues-Sees (Herzberg am Harz).- Dipl.-Arb. Univ. Göttingen: 1-73

HEUTGER, N. (2007): Kloster Walkenried. Geschichte und Gegenwart. Berlin 2007

HILLEBRECHT, M.-L. (1982): Die Relikte der Holzkohlewirtschaft als Indikatoren für Waldnutzung und Waldentwicklung: Göttinger Geogr. Abhandlungen, Bd. 79, Göttingen 1982

HILLEBRECHT, M.-L. (2002): Der Wald als Energielieferant für das Berg- und Hüttenwesen. In: Nieders. Amt f. Denkmalpflege, Arbeitshefte zur Denkmalpflege 21, 2000

HOFFMANN, R. (2014): An Environmental History of Medieval Europe. Cambridge University Press, 2014, ISBN 978-1-139-91571-7, S. 343.

JIRIKOWIC J.L., P. E. Damon (1994): The Medieval Solar Activity Maximum. In: Climatic Change. 1994, doi:10.1007/BF01092421.

JONES, P.D. et al (2009): High-resolution palaeoclimatology of the last millennium: a review of current status and future prospects. In: The HOLOCENE, Volume 19 Issue 1, January 2009 , https://doi.org/10.1177/0959683608098952

JORDAN, W.C. (1996): The Great Famine. Northern Europe in the Early Fourteenth Century. Princeton 1996.

JUNGCLAUS J.H. et al (2017): The PMIP4 contribution to CMIP6 – Part 3: The last millennium, scientific objective, and experimental design for the PMIP4 past1000 simulations. Geosci. Model Dev., 10, 4005–4033, 2017 https://doi.org/10.5194/gmd-10-4005-2017, 2017

KLAPPAUF, L. (1992): Zur Archäologie des Harzes.In: Berichte zur Denkmalpflege in Niedersachsen. Nieders.Lsndesamt f.Denkmalpflege, 1992, Heft 4

KRAHN, K.J et al (2024): Temperature and palaeolake evolution during a Middle Pleistocene interglacial–glacial transition at the Palaeolithic locality of Schöningen, Germany. In: Boreas. 10.7.2024 DOI: 10.1111/bor.12670

LAMB, H. (1982): Climate, History, and the Modern World. Methuen young books 1982

LAMB, H. (1989): Klima und Kulturgeschichte: der Einfluß des Wetters auf den Gang der Geschichte. Reinbek 1989, S. 189–206.

LIESSMANN, W. (2010): Historischer Bergbau im Harz. 3.Aufl., Berlin-Heidelberg 2010

LIU Yang et al (2021): Regional differences for temperature changes in Medieval Warm Period and Little Ice Age over Europe and Asia. In: *Quaternary Sciences*, 2021, 41(2): 462-473. doi: 10.11928/j.issn.1001-7410.2021.02.14

LJUNGQUIST, F.C. (2010): A new reconstruction of temperature variability in the extra-tropical northern hermisphere during the last two millenia. In: Geografiska Annaler. Series A, Physical Geography, Vol. 92, No. 3 (2010), pp. 339-351 (13 pages), https://doi.org/10.1111/j.1468-0459.2010.00399.x

LJUNGQVIST, F.C. et al. (2012): Northern Hemisphere temperature patterns in the last 12 centuries. In: Climate of the Past. 2012, doi:10.5194/cp-8-227-2012.

LÜDECKE, H.J., R. Cina, H.-J. Dammschneider, S. Lüning (2020): Decadal and multidecadal natural variability in European temperature. In: J. Atmospheric and Solar-Terrestrial Physics, doi: 10.1016/j.jastp.2020.105294

LÜDECKE H. J., Müller-Plath G. & Lüning S. (2024): Central-European sunshine hours, relationship with the Atlantic Multidecadal Oscillation, and forecast. In: Scientific Reports (2024) 14, 25152 , https://doi.org/10.1038/s41598-024-73506-5

MALCOM K. Hughes/Henry F. Diaz, Was there a "medieval warm period", and if so, where and when, in: Climatic Change, 26 (1994), S. 109 - 142.

MANN M.E., Raymond S. Bradley, Malcolm K. Hughes (1999): Northern Hemisphere Temperatures During the Past Millennium: Inferences, Uncertainties, and Limitations", Zeitschrift *Geophysical Research Letters* 1999.

MANN M.E. et al (2009): Global Signatures and Dynamical Origins of the Little Ice Age and Medieval Climate Anomaly. In: SCIENCE, Vol 326, 2009

MANN et al (2008): Proxy-based reconstructions of hemispheric and global surface temperature variations over the past two millennia. Proceedings of the National Academy of Sciences, 105(36), 13252-13257. doi: 10.1073/pnas.0805721105

MARCOTT, S.A. (2013): A Reconstruction of Regional and Global Temperature for the Past 11,300 Years. In: Science. Band 339, 8. März 2013, doi:10.1126/science.1228026

MATTHES K. (2017): Solar forcing for CMIP6. Solar forcing for CMIP6 (v3.2), Geosci. Model Dev., 10, 2247–2302, https://doi.org/10.5194/gmd-10-2247-2017, 2017.

MAULSHAGEN, F. (2023): Geschichte des Klimas: Von der Steinzeit bis zur Gegenwart. Beck-Verlag 2023

MUSCHELER R. et al (2007): Solar activity during the last 1000 yr inferred from radionuclide records. In: Quaternary Science Reviews, Volume 26, Issues 1–2, 2007, Seite 82-97

NEUKOM, R., STEIGER, N., GOMEZ-NAVARRO, J.J. *et al.* (2019): No evidence for globally coherent warm and cold periods over the preindustrial Common Era. In: *Nature* **571**, 550–554 (2019). https://doi.org/10.1038/s41586-019-1401-2

NIEDERSÄCHSISCHES KLOSTERBUCH (2012), Hrsg. von N. Dolle Bielefeld 2012

ORAM, R. (2015): The worst disaster suffort by the peaople of Scotland in record history. In: Climate change, dearth and pathogens in the long fourteenth century. Proceedings oft he society of antiquaries of Scotland, 2015,

ORTEGA, P. et al (2015): A model-tested North Atlantic Oscillation reconstruction for the past millennium.In: Nature, 523, 71-74, 2015

PAGES 2k Network (2013): Continental-scale temperature variability during the past two millennia. In: Nature Geoscience. Band 6, Nr. 5, Februar 2013, S. 339–346, doi:10.1038/ngeo1797 (nature.com).

PFISTER, C. & WANNER, H. (2021): Klima und Gesellschaft in Europa, Die letzten tausend Jahre. Haupt-Verlag, Bern 2021

PANTLE, Chr. (2024): Der Bauernkrieg, Deutschlands grosser Volksaufstand. Berlin 2024

REICHHOLF, J.H. (2007): Eine kurze Naturgeschichte des letzten Jahrtausends. S.Fischer-Verlag, Frankfurt a.M. 2009

REINBOTH, F. und Reinboth W. (1994): Walkenrieder Zeittafel. Abriss der Orts- und Klostergeschichte. Schriftenreihe des Vereins für Heimatgeschichte Walkenried und Umgebung. Heft 16, Walkenried 1994

RIGTERINK S., et al (2024): Summer temperatures from the Middle Pleistocene site Schöningen 13 II, northern Germany, determined from subfossil chironomid assemblages ., Boreas. 15.4.2024 DOI: 10.1111/bor.12658

RÖSENER, W. (2010): Landwirtschaft und Klimawandel in historischer Perspektive. In: Bundeszentrale für politische Bildung (Hrsg.), Aus Politik und Zeitgeschichte (APUZ) 5-6, 2010, online. Abgerufen am 26. April 2012.

SCHURER A.P. et al (2015): Small influence of solar variability on climate over the past millennium. In: Nature Geoscience. 2015, doi:10.1038/NGEO2040.
SLAVIN, P. (2021): The great bovine petilence and ist economic and enviromental consequences in England and Wales. In: Economic history review 64, 2021

SMERDON, J.E. & POLLACK, H.N. (2016): Reconstructing Earth's surface temperature over the past 2000 years: the science behind the headlines. In: WIREs Clim Change 2016. doi: 10.1002/wcc.418

SOLOMINA O.N. et al (2015): Holocene glacier fluctuations. In: Quaternary Science Reviews. 2015, S. 11, 16, 26, 27, doi:10.1016/j.quascirev.2014.11.018.

STEINHILBER et al (2009):Total solar irradiance during the Holocene. Geophys. Res. Lett., 36, L19704.

STEINSIEK, P.M. (1999): Nachhaltigkeit auf Zeit. Waldschutz im Westharz vor 1800. Cottbuser Studien zur Geschichte von Technik, Arbeit und Umwelt, Bd. 11, Münster 1999

STOOB, H. (1959): Minderstädte. Formen der Stadtentstehung im Spätmittelalter. In: Vierteljahrschrift für Sozial- undWirtschaftsgeschichte, 1959, 46, S. 1-28

TANDECKI, J. (1991): Weinbau im mittelalterlichen Preußen. In: Beiträge zur Geschichte Westpreußens, 12 (1991), S. 83 - 99.

TEICHMANN, F. (1986): Der Jues-See: Limnologische Untersuchungen eines Erdfallsees am Südwestrand des Harzes.- Unveröff. Dipl.-Arbeit Geol.-Paläont. Inst., 170 S., Göttingen

TROUET V. et al (2009): Persistent positive North Atlantic Oscillation mode dominated the medieval climate anomaly. In: Science. 2009, doi:10.1126/science.1166349.

URKUNDENBUCH des Klosters Walkenried (2002-2008), bearbeitet von J. DOLLE, Bd. 1 und Bd.2

VIEIRA L.E.A., S. K. Solanki, N. A. Krivova und I. Usoskin (2011): Evolution of the solar irradiance during the Holocene. In: Astronomy & Astrophysics – The Sun. 2011, doi:10.1051/0004-6361/201015843

VOIGT, R. et al (2008): Seasonal variability of Holocene climate: a palaeo-limnological study on varved sediments in Lake Jues (Harz Mountains, Germany). In: J Paleolimnol (2008) 40:1021–1052 , DOI 10.1007/s10933-008-9213-7

WALTGENBACH S. et al. (2021): Climate Variability in Central Europe during the Last 2500 Years Reconstructed from Four High-Resolution Multi-Proxy Speleothem Records. In: *Geosciences* 2021, *11*, 166. https://doi.org/10.3390/geosciences11040166

WANNER, H. (2020): Klima und Mensch. Eine 12.000-jährige Geschichte. 2. Auflage. Haupt Verlag, 2020, ISBN 978-3-406-74376-4, S. 209–212.

WANNER H., Pfister CH. und Neukom R. (2022): The variable European Little Ice Age. In: Quaternary Science Reviews, Volume 287, 1 July 2022, 107531

WEBER, W. (1956): Die Entwicklung der nördlichen Weinbaugrenzen in Europa, Trier 1980

WETTER, O. et al (2014): The year-long unprecedented European heat and drought of 1540 – a worst case. In: Clim Chang., 125, 2014, p. 349–363, doi:10.1007/s10584-014-1184-2.

WHITE S., John Brooke, Christian Pfister (2018): Climate, Weather, Agriculture, and Food. In: Sam White u. a. (Hrsg.): The Palgrave Handbook of Climate History. 2018, doi:10.1057/978-1-137-43020-5_27

WIRTS, K.W. et al (2024): Multicentennial cycles in continental demography synchronous with solar activity and climate stability. In: *Nature Communications* volume 15, Article number: 10248 (2024)

Telekonnektionen

(aus https://www.enso.info/enso-lexikon/lemma/tele)

Unter „Telekonnektionen" versteht man reale und signifikante Beziehungen sowie Fernwirkungen in der atmosphärischen Zirkulation, die als klimatische Verbindungen zwischen räumlich getrennten Witterungsanomalien auftreten. Das bedeutet, dass atmosphärische Vorgänge an einem bestimmten Ort ´A´ Auswirkungen auf einen weit entfernten Ort ´B´ haben können. Obwohl es sich nicht um einfache Kausalketten handelt, sind die Prozesse an Ort A oft in einer Art und Weise mit denen an Ort B verknüpft, sodass eine gekoppelte Reaktion stattfindet.

Die Auswirkungen einer Anomalie an einem Ort auf die klimatischen Bedingungen an einem anderen Ort können von verschiedenen Faktoren abhängen, wie zum Beispiel der Dauer und Intensität der Anomalie, der Jahreszeit und der Entfernung zwischen den beiden Orten. Für die wichtigsten Telekonnektionen wurden Indizes entwickelt, die Aufschluss über die jeweilige Phase geben.

Zur Berechnung dieser Indizes werden üblicherweise Messdaten wie Luftdruck und Temperatur an bestimmten Standorten herangezogen. Die Berechnungen sind so gestaltet, dass gegensätzliche Ausprägungen der Telekonnektionen unterschiedliche Vorzeichen aufweisen, wodurch zwischen positiven und negativen Phasen unterschieden werden kann.

Viele Telekonnektionsmuster funktionieren ähnlich wie eine Wippe, bei der sich die atmosphärische Masse oder der Luftdruck zwischen zwei weit voneinander entfernten Orten hin- und herbewegt. Ein Druckanstieg an einem Ort kann beispielsweise einen Druckabfall an einem weit entfernten Ort bewirken. Es gibt sogar Hinweise darauf, dass Wikinger-Siedler bereits um das Jahr 1000 n. Chr. die entgegengesetzten Druckmuster zwischen Grönland und Europa beobachteten – ein Phänomen, das heute als Nordatlantische Oszillation (NAO) bekannt ist.

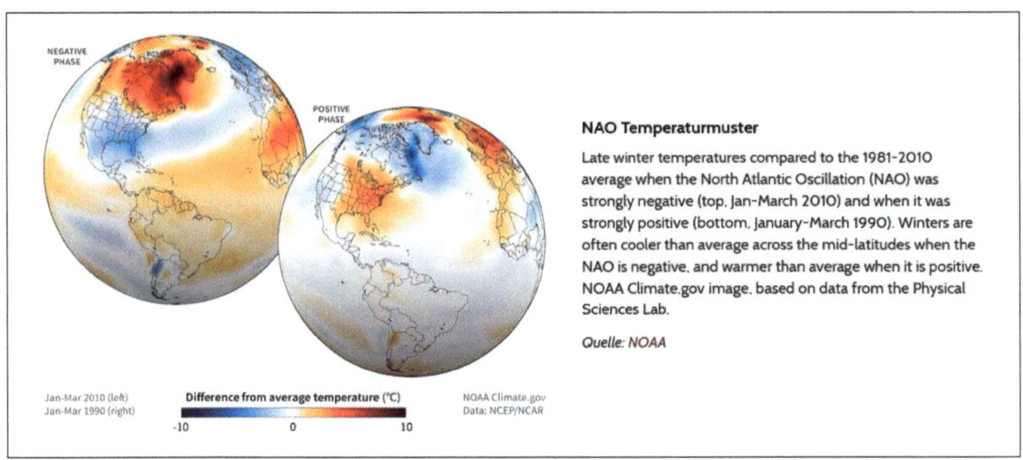

NAO Temperaturmuster

Late winter temperatures compared to the 1981-2010 average when the North Atlantic Oscillation (NAO) was strongly negative (top, Jan–March 2010) and when it was strongly positive (bottom, January–March 1990). Winters are often cooler than average across the mid-latitudes when the NAO is negative, and warmer than average when it is positive. NOAA Climate.gov image, based on data from the Physical Sciences Lab.

Quelle: NOAA

Einer der bekanntesten Auslöser für Telekonnektionsmuster ist ENSO, auch bekannt als El Niño/Südliche Oszillation. Die "Südliche Oszillation" bezieht sich auf Veränderungen des Luftdrucks, die sich hauptsächlich über dem östlichen tropischen Pazifik und Indonesien abspielen. Ein weiteres bedeutendes Muster ist das Pazifik-Nordamerika-Muster (PNA), ein schwankendes Druckmuster über dem Pazifik und Nordamerika, das sowohl die Temperaturen als auch die Niederschlagsmengen in Nordamerika und Europa beeinflusst.

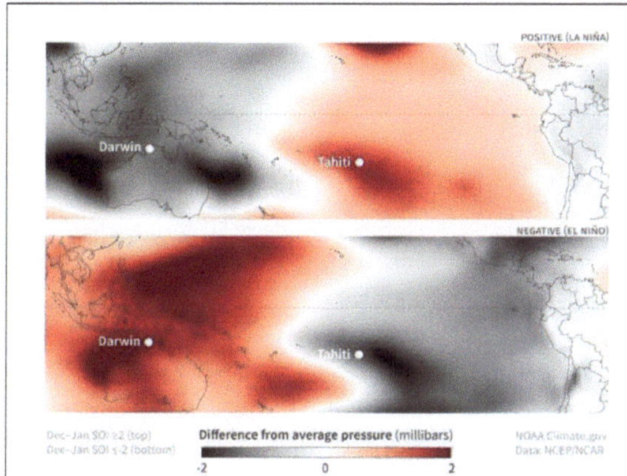

SOI Druckmuster

Dargestellt ist die Abweichung vom durchschnittlichen Meeresspiegeldruck in Wintern, in denen der Southern Oscillation Index stark positiv (oben) oder negativ (unten) ist. Während La Niña (positiver SOI) ist der Druck über dem zentralen Pazifik in der Nähe von Tahiti höher als der Durchschnitt (rot) und über Australien niedriger als der Durchschnitt (grau). Während El Niño ist der SOI negativ, und die Anomalien kehren sich um.

Quelle: NOAA

(siehe auch die u.a. Abbildung aus MANN 2009 im Anhang 2, wo das ENSO-/NINO-Phäno-men im Zeitraum 1300-1350 A.D. extreme natürliche ´Schwingungen" im System zeigt … die telekonnektiv ´fern´-wirken?)

Der britische Mathematiker und Klimatologe Sir Gilbert Walker war zu Beginn des 20. Jahrhunderts der erste, der auf Zusammenhänge zwischen Witterungsphäno-menen und Klimaanomalien in weit voneinander entfernten Regionen hinwies. Der Begriff „Telekonnektion" wurde erstmals 1935 in einem Artikel des schwedischen Meteorologen Anders K. Ångström verwendet. Im Jahr 1975 veröffentlichten die deutschen Meteorologen Hermann Flohn und Heribert Fleer eine Arbeit über Tele-konnektionen und ihre Beziehung zu klimatischen Veränderungen im äquatorialen Pazifik.

Die Hypothese solcher Fernwirkungen durch ENSO wird durch geophysikalische Belege und statistische Korrelationen (sowohl räumlich als auch zeitlich) gestützt. Als mögliche Erklärung für die globalen Auswirkungen dieser Klimastörung wurde auch die Chaostheorie herangezogen, jedoch ist diese Erklärung umstritten.

Die Grundlage für Telekonnektionsmuster sind großräumige atmosphärische Wellen, insbesondere die nach dem bekannten Meteorologen Carl-Gustaf Rossby benannten Rossby-Wellen. Diese Wellen können von einigen Tagen bis zu mehreren Monaten andauern und sich über einige hundert Kilometer bis hin über den gesamten Planeten erstrecken. Die Pfade, die diese Rossby-Wellen zurücklegen, werden oft als „Informations-Superhighways" bezeichnet, da sie Informationen transportieren, die das Wetter entlang ihrer Wege beeinflussen können.

Was genau ist die Information, die Rossby-Wellen übertragen? Ähnlich wie bei Wellen auf der Wasseroberfläche entstehen in der Atmosphäre durch Rossby-Wellen Wellenberge und -täler, die Regionen mit hohem und niedrigem Luftdruck erzeugen. Diese Druckmuster, also die „Informationen", die von den Rossby-Wellen weitergegeben werden, beeinflussen Faktoren wie Temperatur, Niederschlag und Wind. Kurz gesagt, Rossby-Wellen spielen eine grundlegende Rolle bei der Entstehung von Telekonnektionsmustern.

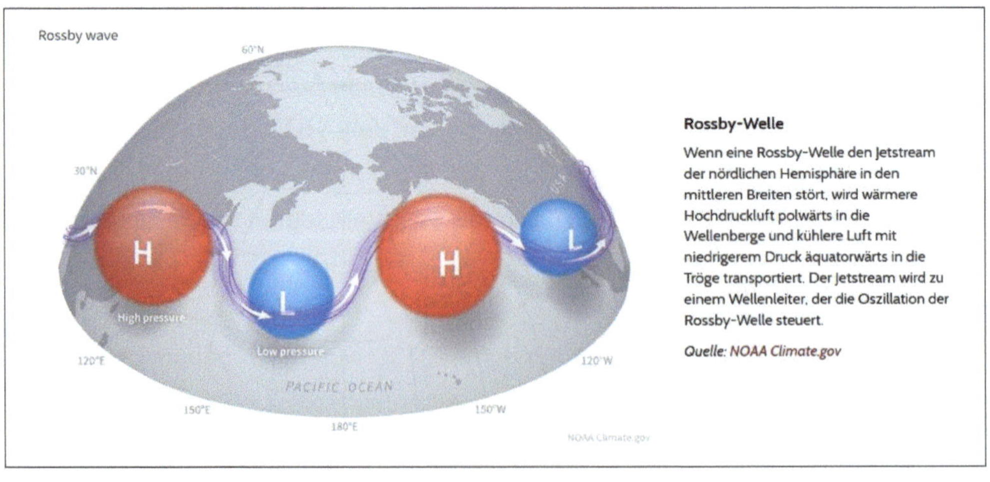

Rossby-Welle

Wenn eine Rossby-Welle den Jetstream der nördlichen Hemisphäre in den mittleren Breiten stört, wird wärmere Hochdruckluft polwärts in die Wellenberge und kühlere Luft mit niedrigerem Druck äquatorwärts in die Tröge transportiert. Der Jetstream wird zu einem Wellenleiter, der die Oszillation der Rossby-Welle steuert.

Quelle: NOAA Climate.gov

AMO

Die **A**tlantische **M**ultidekadische **O**szillation **(AMO)** ist ein Phänomen, das sich auf langfristige Schwankungen der Meeresoberflächentemperaturen (SSTs) im Nord-atlantik bezieht. Diese Schwankungen treten im Zyklus von etwa 60 bis 70 Jahren auf und haben weitreichende Auswirkungen auf das Klima, sowohl regional als auch global. Hier sind auch die Zyklen von **PDO, ENSO** und **NINO** zu beachten.

1. Grundmechanismen der AMO

Die AMO wird durch natürliche Variabilitäten des Klimasystems gesteuert, insbesondere durch folgende Faktoren:

a) Atlantische Meridionale Umwälzströmung (AMOC):
- Die AMOC ist ein wichtiger Bestandteil der globalen thermohalinen Zirkulation. Sie transportiert warmes Oberflächenwasser nach Norden und kaltes Tiefenwasser nach Süden.
- Änderungen in der Stärke der AMOC beeinflussen die Wärmeverteilung im Nordatlantik, was zu den Schwankungen der Meeresoberflächentemperaturen führt.

b) Wechselwirkungen zwischen Ozean und Atmosphäre:
- Windmuster, Wärmeaustausch und Verdunstung spielen eine Rolle bei der Beeinflussung der Oberflächentemperaturen.
- Variationen in der atmosphärischen Zirkulation, wie die Nordatlantische Oszillation (NAO), können die AMO verstärken oder abschwächen.

c) Interne Ozeanprozesse:
- Veränderungen in der Durchmischung des Ozeans oder in der Wärme-speicherung wirken sich auf die SSTs aus.

2. Perioden der AMO

Die AMO durchläuft zwei Phasen:

- **Positive Phase:** Überdurchschnittlich warme Meeresoberflächentemperaturen im Nordatlantik.
- **Negative Phase:** Unterdurchschnittlich kalte Meeresoberflächentemperaturen im Nordatlantik.

Auswirkungen:
- **Positive Phase:** Vermehrte Hurrikanaktivität im Atlantik, wärmeres Klima
in Europa, stärkere Monsune in Afrika und Indien.
- **Negative Phase:** Geringere Hurrikanaktivität, kühlere Sommer in Europa,
schwächere Monsune.

3. Ursachen und Treiber der AMO

Die AMO wird primär durch natürliche Prozesse angetrieben, deren Elemente
bisher nur zu Teilen abgeschätzt werden können. Sie reichen von **Vulkanischen
Aktivität** (Vulkanausbrüche können durch Aerosolausstoß die Sonneneinstrahlung
reduzieren und damit die AMO beeinflussen), die jedoch nicht zyklisch sind bis zu
Sonnenaktivitäten (Schwankungen in der Sonnenstrahlung tragen zur natürlichen
Klimavariabilität bei). Vor allem letztere steht im Verdacht einer hohen Beteiligung
an der Zyklizität der SST-Veränderlichkeiten im Atlantik

5. Unterschied zur globalen Erwärmung

Die AMO ist ein internes Klimaphänomen und unterscheidet sich von der globalen
Erwärmung, die primär durch den Anstieg von Treibhausgasen (CO_2) verursacht
sein soll. Die AMO zeigt zyklische Schwankungen, während die globale Erwärmung einen langfristigen Temperaturanstieg darstellt.

Zusammenfassung

Die AMO wird durch ein komplexes Zusammenspiel von ozeanischen und atmosphärischen Prozessen erklärt, insbesondere durch die Stärke der Atlantischen
Meridionalen Umwälzströmung (AMOC). Sie hat tiefgreifende Auswirkungen auf
das europäische Klima und ist ein Schlüsselphänomen, um natürliche Klimavariabilität und deren Wechselwirkungen mit menschlichen Einflüssen zu verstehen.

ENSO

(siehe auch https://www.enso.info/globaus.html)

Das **ENSO**-Phänomen (**El N**iño-**S**outhern **O**scillation) kann erhebliche Auswirkungen auf das Klima weltweit haben, auch wenn die direkten Effekte in Europa meist weniger ausgeprägt sind als in Regionen wie Südostasien, Australien oder Südamerika. Dennoch beeinflusst ENSO das europäische Klima durch telekonnektive Wechselwirkungen (siehe Anhang 1) in der Atmosphäre. Die Auswirkungen hängen davon ab, ob es sich um eine **El-Niño-Phase** (Erwärmung im tropischen Pazifik) oder eine **La-Niña-Phase** (Abkühlung im tropischen Pazifik) handelt. Hier sind die wichtigsten möglichen klimatischen Effekte:

1. El-Niño-Phase

- **Winter in Europa**:
    - Mildere Winter in Nordeuropa und Teilen Mittel- und Osteuropas, da die Polarfront nach Norden gedrängt wird.
    - Stärkere Westwinde können zu feuchteren und stürmischen Bedingungen führen, besonders in Westeuropa.
    - Südeuropa erlebt dagegen oft trockenere und wärmere Winter.
- **Sommer in Europa**:
    - Geringere direkte Auswirkungen, da die ENSO-Effekte im Sommer schwächer sind. Trotzdem können sich langfristige Muster wie ein stabileres Hochdruckgebiet über Südeuropa zeigen, was Dürreperioden begünstigen könnte.

2. La-Niña-Phase

- **Winter in Europa**:
    - o Kältere Winter in Nordeuropa und teilweise auch in Mitteleuropa, da die Polarfront weiter nach Süden verlagert wird.
    - o Stärkere Niederschläge in Südeuropa, was zu Überschwemmungen führen kann.
    - o Insgesamt können die Wetterbedingungen unbeständiger werden.
- **Sommer in Europa**:
    - o Südeuropa kann ungewöhnlich heiß und trocken sein, während es in Teilen Nordeuropas feuchter und kühler sein kann.

4. Mechanismen hinter den Effekten

ENSO beeinflusst das europäische Klima durch Veränderungen im **Jetstream**, den großräumigen Windströmungen in der oberen Troposphäre, sowie durch die **Rossby-Wellen** (siehe Anhang 1), die die atmosphärische Zirkulation weltweit modulieren. Während El Niño die globale atmosphärische Zirkulation stabilisieren kann, bringt La Niña oft stärkere Schwankungen mit sich.

Zusammenfassung

Die klimatischen Effekte des ENSO-Phänomens fallen in Europa meist indirekt aus, sind aber durch die Beeinflussung großräumiger Wettermuster wie den Jetstream und die Zirkulation über dem Atlantik signifikant.

Transport latenter Energie (hier: Atlantik-Europa)

Das Klimaphänomen „latente Energie" beginnt mit der Verdunstung von Wasser (hier: über dem Atlantik) und endet sozusagen (hier) mit dem Regen in Deutschland. Es ist eines der zentralen Elemente der atmosphärischen Zirkulation. Darin spielt vor allem die ´Umwandlung´ von H_2O in Wasserdampf und die anschließende Konden-sation zurück in die flüssige Phase/Wasser eine zentrale Rolle.

Die sogenannte ´Westwinddrift´ verfrachtet/verbringt die ´latente Energie´, d.h. jene Energie, die bei der Verdunstung in die Atmosphäre überführt/dort aufgenommen (und bei der Kondensation von Wasser wieder freigesetzt) wird. Dieser Transport kann über sehr weite Distanzen erfolgen, im hier im Artikel gesetzten Vorgang aus der Zone 45-65N/310-345E bis nach Deutschland.

Die (ferne) ´latente´ Energie erscheint im Vergleich zur (lokalen) solaren Ein-strahlung wertmässig gering zu sein, zieht allerdings über die „Macht der kleinen Zahlen" markante thermische Folgen (messbare Lufttemperaturveränderungen) nach sich.

1. Verdunstung und Aufnahme latenter Energie

Der Prozess beginnt damit, dass Wasser entsprechend der Sonneneinstrahlung am „Quell"-Ort verdunstet und in die überlagernde Atmosphäre gelangt. Bei diesem Phasenübertritt wird insofern ´**latent**´ („unsichtbar", „nicht erkennbar", „unmerklich") Wärme übernommen, als eine vorhandene Energie (atlantische Wassertemperatur) nahezu unmerkbar eingesetzt wird, um Wasser vom flüssigen in den gasförmigen Zustand (Wasserdampf) zu überführen. Am Ort der Verdunstung ´kühlt´ es entsprechend ganz leicht ab … die „verlorene" Wärme steht nun als ´latente´ Energie in der Atmosphäre oberhalb des Verdunstungsortes wieder zur Verfügung. Sie bleibt dort grundsätzlich aber nicht stehen, sondern wird im Verlauf der sich bewegenden Luftmassen ´weg´-transportiert. Sie ist also ´latent´ („heimlich") vorhanden, wirkt sich jedoch (noch) nicht aus.

Die Luft über dem Atlantik nimmt oftmals große Mengen an Wasserdampf auf. Diese Luftmassen sind relativ warm und feucht und besitzen somit eine hohe ´**latente Energie**´.

2. Westwinddrift und Transport

Die **Westwinde**, die Teil der allgemeinen Zirkulation der Atmosphäre sind, herrschen in den mittleren Breitengraden (etwa zwischen 30° und 60° nördlicher Breite) vor. Sie entstehen durch den Temperaturunterschied zwischen Äquator und Polregion (Ausgleichsbewegung). Die Luftmassen bewegen sich von West nach Ost (Erdrotation, Nordhalbkugel) und können die o.a. feuchten Luftmassen, die die ´latente Energie´ enthalten, über große Entfernungen transportieren. Diese wärmere Luft erreicht durch die Westwinde letztlich Europa, insbesondere natürlich auch Deutschland.

3. Adiabatische Abkühlung und Kondensation

Wenn die warm-feuchte Luft vom Atlantik in höhere Breiten wie Mitteleuropa gelangt, trifft sie zwangsläufig auf relativ kühlere Luftmassen. Je nach Geografie und den lokalen atmosphärischen Bedingungen (Frontenbildung) kommt es daher zu einer sogenannten **adiabatischen Abkühlung**. Das bedeutet, die Luft kühlt sich ab, *ohne* dass zunächst Wärme nach außen abgegeben wird, da der Luftdruck mit zunehmender Höhe sinkt und die Luft sich ausdehnt. Da kältere Luft aber weniger Feuchtigkeit halten kann als warme Luft, beginnt der Wasserdampf in der Atmosphäre zu kondensieren und bildet **Wolken**. Dabei wird jene ´**latente´ Wärme** freigesetzt, die Tage/Wochen zuvor bei der Verdunstung (am „Quell"-Ort) aufgenommen wurde.

4. Bildung von Niederschlag

Wenn die ascendierende feuchte Luft abkühlt und mehr Wasserdampf kondensiert, kommt es also zwangsläufig zur Niederschlagsbildung, vor allem im Zuge atlantischer Tiefdruckgebiete, die mit den Westwinden ´zirkulieren´. Es wird in diesem Zusammenhang auf die aus klimatologischer Sicht so wichtige Ausbildung von teils dominanten/beständigeren Luftdruckzonen (Azoren-Hoch/Island-Tief) und deren wechselnde räumliche Verteilung hingewiesen … siehe die NAO.

Zusammenfassung

Der gesamte Prozess der Verdunstung, des Feuchtetransports und der Kondensation sorgt dafür, dass die Energie, die ursprünglich durch die Verdunstung ´latent´ im Atlantik aufgenommen wurde, über große Distanzen hinweg in der Atmosphäre transportiert und dann wieder aus dieser heraus freigesetzt wird.

Diese wieder abgegebene Wärme trägt u.a. über die Bildung von Niederschlägen, dort wo diese fallen zur jeweiligen ´lokalen´ **Erwärmung der Atmosphäre** bei. Die AMO als zyklisch wechselnd intensive ´Wärmequelle´ im mittleren Nordatlantik

kann somit über die Bereitstellung der über die Zeit (auch lokal) quantitativ veränderlichen latenten Energie (wg. starker SST/schwacher SST, siehe auch u.a.
Wassertemperaturen HELGOLAND) am Ende des dann stattfindenden Transport-
weges die atmosphärische (Wieder-)Freisetzung von Wärme bewirken … was über
eine daran hängende, ebenfalls zyklische Schwankung der Lufttemperaturen in
Europa messbar/fühlbar wird:

Am Anfang steht die zyklisch-thermisch veränderliche AMO, am Ende die Freigabe
der vom Atlantik mit der Westwinddrift nach Deutschland transportierten latenten
Energie in Form von (analog zur AMO) veränderlichen (Luft)Temperaturen.

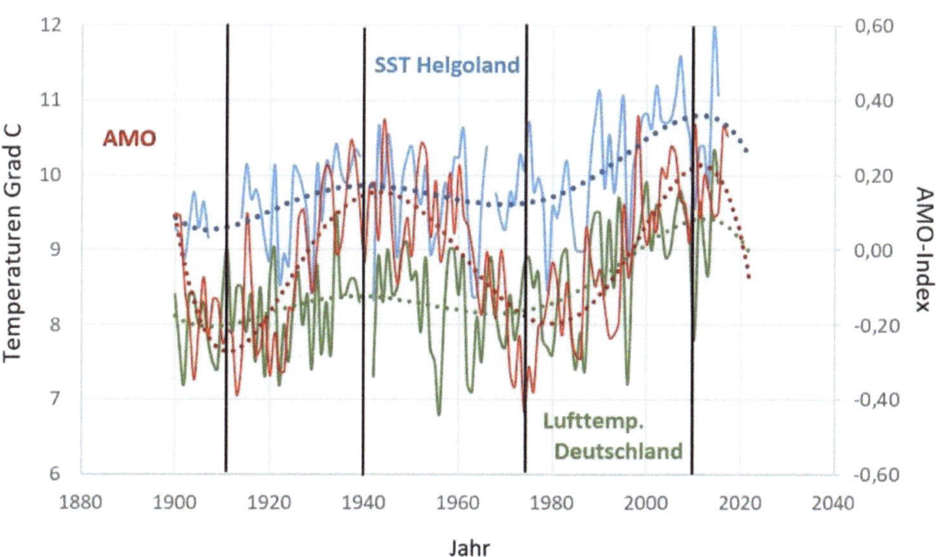